圖解汽車構造與原理

曾逸敦————著

汽車零件、組裝、作動原理全解析，認識汽車組成與維修指南

Contents 目錄

自序 007

CHAPTER 01 引擎的發展背景與歷史

1-1　內燃機的起源 010

1-2　柴油引擎的發展歷史 012

1-3　萬克爾引擎的發明 014

1-4　化油器到燃油噴射的歷史 016

1-5　馬力與瓦特故事的由來 018

1-6　半導體王國於汽車工業的貢獻 020

CHAPTER 02 引擎基本原理

2-1　引擎的基本介紹 024

2-2　引擎相關名詞介紹 026

2-3　引擎的種類和工作原理 028

2-4　引擎整體構造 032

2-5　引擎重要元件簡介 034

2-6　引擎重要元件介紹 - 活塞 036

2-7　引擎重要元件介紹 - 汽門 038

2-8　引擎重要元件介紹 - 火星塞、飛輪 040

2-9　引擎剖面圖 042

2-10 引擎的排列 044

CHAPTER 03 各式引擎的安裝

3-1　各式引擎的介紹 048

3-2　直列式引擎的安裝（一） 050

3-3　直列式引擎的安裝（二） ———————— 052

3-4　直列式引擎的安裝（三） ———————— 054

3-5　V 型引擎的安裝（一） ————————— 056

3-6　V 型引擎的安裝（二） ————————— 058

3-7　V 型引擎的安裝（三） ————————— 060

3-8　水平對臥引擎的安裝（一） —————— 062

3-9　水平對臥引擎的安裝（二） —————— 064

3-10 水平對臥引擎的安裝（三） —————— 067

CHAPTER

04 供油系統

4-1　供油系統 ——————————————— 070

4-2　供油系統的分類 ——————————— 071

4-3　化油器（一）歷史 —————————— 074

4-4　化油器（二）原理 —————————— 076

4-5　化油器（三）種類 —————————— 078

4-6　機械噴射系統（一）歷史 —————— 080

4-7　機械噴射系統（二）原理（1） ——— 082

4-8　機械噴射系統（三）原理（2） ——— 085

4-9　電腦噴射系統（一）歷史 —————— 087

4-10 電腦噴射系統（二）原理 ——————— 090

CHAPTER

05 點火系統

5-1　點火系統 ——————————————— 094

5-2　點火系統（一）歷史 ————————— 095

5-3　點火系統（二）分類 ————————— 097

5-4　白金接點式點火（一）原理與工作流程 —— 099

5-5	白金接點式點火（二）重要元件	101
5-6	電晶體的基本介紹	103
5-7	半晶體點火系統	105
5-8	全晶體（一）電容放電式點火系統	107
5-9	全晶體（二）感應放電式點火系統	109
5-10	微電腦式點火系統	111

CHAPTER

06 電子引擎

6-1	電子引擎的由來	114
6-2	廢氣循環系統（EGR）	116
6-3	含氧感知器（一）原理	118
6-4	含氧感知器（二）運作模式	120
6-5	觸媒轉換器	123
6-6	電子引擎的輔助元件	124
6-7	進氣系統	126
6-8	渦輪增壓的種類	128

CHAPTER

07 電腦

7-1	車用電腦的歷史	132
7-2	各國車用電子零件供應商	134
7-3	訊號種類	136
7-4	ECU 內部結構	138
7-5	ECU 與感測器	140
7-6	第一代車用電腦	142
7-7	第二代車用電腦	144

7-8　網路功能與總機系統 ———————————— 147

7-9　車上診斷系統（On-Board Diagnostics） ———— 149

7-10　先進駕駛輔助系統（ADAS） ———————— 151

7-11　ECU 改裝 ———————————————— 153

7-12　車用感測器（一）位置 ————————————— 155

7-13　車用感測器（二）溫度 ————————————— 158

7-14　車用感測器（三）壓力 ————————————— 160

7-15　車用感測器（四）其他 ————————————— 162

CHAPTER

08 傳動系統

8-1　傳動系統 ————————————————— 166

8-2　離合器的介紹與種類 —————————————— 168

8-3　差速器和萬向軸 ———————————————— 170

8-4　變速箱與汽車傳動布局 ————————————— 172

8-5　手排變速箱的介紹與原理 ———————————— 174

8-6　手排變速箱的發展與種類（一） ————————— 176

8-7　手排變速箱的發展與種類（二） ————————— 178

8-8　手排變速箱的基本構成 ————————————— 180

8-9　手排變速箱的各種檔位 ————————————— 182

8-10　自排變速箱的介紹與原理 ———————————— 184

8-11　自排變速系統的發展與種類（一） ——————— 186

8-12　自排變速系統的發展與種類（二） ——————— 188

8-13　自排變速箱的基本構成 ————————————— 190

8-14　自排變速箱（AT）的各種檔位（一） —————— 192

8-15　自排變速箱（AT）的各種檔位（二） —————— 194

CHAPTER

09 電動車

9-1	電動車的歷史	198
9-2	電動車的動力系統	200
9-3	電動車的能源系統	202
9-4	混合動力車	204
9-5	電化學電池	207
9-6	燃料電池（一）特性	209
9-7	燃料電池（二）應用	211
9-8	燃料電池（三）氫動力汽車	213

CHAPTER

10 直流馬達

10-1	直流馬達的介紹	216
10-2	直流馬達的分類與比較	218
10-3	有刷直流馬達的構造與原理	220
10-4	有刷直流馬達的實作	222
10-5	無刷直流馬達的構造與原理	224
10-6	無刷直流馬達的實作（一）	226
10-7	無刷直流馬達的實作（二）	228

CHAPTER

11 交流馬達

11-1	交流馬達的介紹	232
11-2	同步馬達的構造與原理	234
11-3	同步馬達的應用	236
11-4	感應馬達的轉動原理（一）	238
11-5	感應馬達的轉動原理（二）	240
11-6	感應馬達的應用	243
11-7	交流馬達的實作（一）	245
11-8	交流馬達的實作（二）	248

自序

　　大約在十年前，雖然如願在中山大學機械系升上教授，但好像也失去了生活重心。為了重新找到對生活的熱情與活力，決定投入古董車的世界，於是買下了我人生第一台保時捷 911（1992 年的 964）。之後便陸續經歷了：剛買車的喜悅、隨之而來車子出問題的煩惱、找到正確的原因及零件（通常都需要好幾次的車友討論）、上網搜尋資料並向保養廠技師請教、最後耐心地等待問題解決後的成就感。

　　隨著收藏／割愛 964、993、930 循環次數的增加，也不斷地累積我對車子的基本知識。許多大學生也來找我進行車子相關的專題研究，我於是成立了部落格及臉書粉絲團，部落格名為「曾教授與古董保時捷」（eatontseng.pixnet.net），把一些比較實用的成果放在網路上與大家分享；而臉書粉絲團則名為「曾教授的汽車世界」，除了轉載部分部落格文章外，也會不定期分享各類型汽車資訊及知識。近年來，我也開始在學校裡開授「汽車學」（針對機械系學生的專業課程）及「汽車發展史」（針對一般學生的通識課程）等課。

　　完成了我的第 1 本科普書《保時捷 911 傳奇》後，我對車的興趣也延伸到了義大利車。隨著我購買維修法拉利的 355 以及愛快羅密歐的 145，期間也非常感謝汯瑢保養廠鄂鴻逸老闆與我交流許多車輛基本原理。我的第 2 本科普書《義大利超跑傳奇》則介紹了義大利的 5 大車廠：包山包海及以小車聞名的飛雅特、執著於跑車精神的愛快羅密歐、超級豪華跑車始祖瑪莎拉蒂、超跑代表法拉利及絕美的藍寶堅尼。

──曾逸敦

CHAPTER 01

引擎的發展背景與歷史

內燃機的起源

▶ 內燃機的問世

　　活塞式內燃機自 19 世紀 60 年代問世以來，經過不斷改進和發展，已發展成較完善的機械了。它熱效率高、功率和轉速範圍寬、配套方便、機動性好，所以獲得了廣泛的應用。在最早期，約於西元 1794 年，史屈特氏（Robert Street）利用一個倒置汽缸及一個可活動的活塞，滴數滴松節油酒精於汽缸底部使之汽化，再投火焰使其爆炸，其製造雖為粗糙，但卻是內燃機概念的開始。

▶ 四行程理論的出現

　　現在大部分的汽車、工業用途都是使用四行程引擎，也就是我們常聽到的進氣、壓縮、動力、排氣，一個週期由四個行程組成。在最早期，於西元 1862 年時，洛卻氏（Beau De Roches）提出要獲得最佳效果，宜用洛氏四行程循環原理，這也是四行程理論首創。而這項理論真正的技術實現是由德國的科學家奧圖氏（Nicolaus Otto）於西元 1876 年提出，又稱奧圖循環。

圖 1-1-1　奧圖氏（左）、克拉克氏（右）
（圖片取自：es.wikipedia.org、lmotorhead64/de.wikipedia.org）

▶ 二行程引擎的出現

　　二行程循環，一個週期由兩個行程組合，這兩個行程分別為「上行」和「下行」。二行程引擎於西元 1880 年，由蘇格蘭的工程師克拉克氏（Clerk）發明，旨在兩個行程完成進氣、壓縮、動力、排氣等四個動作，可以理解為較為精簡的四行程循環。由於運作特性之故，二行程主要運用於偏大與偏小的引擎組（如大型輪船或航模引擎），而中型引擎多為四行程引擎。與四行程引擎相比，二行程引擎結構簡單，運動部件少，所以成本較低。由於曲軸每轉一圈都有做功，在相同功率下，二行程引擎尺寸小、重量輕。低速力矩大，扭矩隨曲軸轉角變化均勻。因為不以重力活塞循環，很適合引擎外露和經常作大幅度搖擺的機車，即使有數百毫升的排氣量仍然是較佳的選擇。

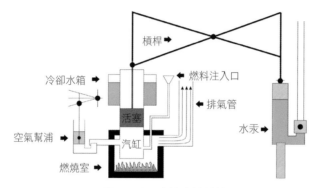

圖 1-1-2　史特瑞特引擎

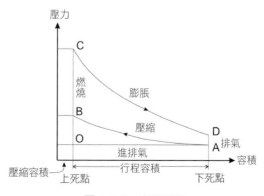

圖 1-1-3　奧圖循環

柴油引擎的發展歷史

▶ 柴油引擎簡介

柴油引擎,顧名思義就是使用柴油為燃料的引擎,其主要的特徵為使用壓縮產生高壓及高溫點燃汽化燃料,因此不需另外提供點火。

▶ 柴油引擎的發展過程

在奧圖發明四行程引擎後,當時許多工程師開始致力於內燃機的研發,但由於當時點火裝置的技術還不成熟,這時德國工程師狄賽爾氏(Rudolf Diesel)就另闢一條新的路,他便以空氣壓縮後能使溫度升高的原理,當作他壓縮點火理論的基礎,也就是先將汽缸內空氣壓縮產生高溫後,再把燃料注入燃燒室,使其燃燒。這也是柴油引擎的一大特色。終於,柴油引擎誕生於西元 1895 年,狄賽爾氏(Rudolf Diesel)發明了柴油機,但有趣的是,當時他在博覽會展示他的發明時,所使用的燃料是花生油,因為他發明此引擎的初衷是希望可以使用各式不同的燃料。不過,即使這時的柴油引擎有不錯的熱效率跟省油特性,卻有因為高壓空氣供油導致不穩定運轉的問題,在當時很難跟技術成熟的汽油引擎競爭。

沉寂一段時間後,在 1924 年時,美國康明斯公司(Cummins)將供油噴射幫浦跟原本的柴油引擎做結合,解決了當時因為高壓空氣供油導致不穩定運轉的問題,並第一次把柴油引擎裝於卡車,奠定了車輛使用柴油引擎的基礎。1936 年,柴油引擎也搭載於 Mercedes-Benz 260D,這也是柴油引擎應用於轎車的開始。

▶ 柴油引擎的優缺點與問題

柴油引擎在省油上的表現相當出色，又具有低轉速高扭力的特色，因此大客車、貨車等商用車大多以柴油引擎驅動。但也因燃燒後易產生主要以碳粒為主的懸浮微粒（SS）與超細懸浮微粒（PM2.5），再加上高溫高壓下易產生的氮氧化物（NOx），有汙染較高的問題。因此，柴油引擎在未找到替代能源之前，算是一個不錯的過渡方案。

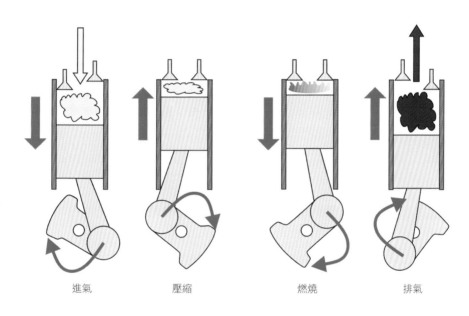

進氣　　　　　　　壓縮　　　　　　　燃燒　　　　　　　排氣

圖 1-2-1　柴油引擎動作示意圖

萬克爾引擎的發明

▶ 萬克爾引擎的出現

萬克爾引擎最早由德國的工程師菲利斯・萬克爾（Felix Wankel）設計開發，據說他 17 歲時，曾在睡夢中夢到自己開著一台自己打造的車子前往聚會，並告訴大家這是使用他自己發明的引擎，從這裡就可以看見他的熱忱。因此，他從西元 1926 年著手迴轉活塞式引擎的研究，並創立專門的研究所，直到西元 1957 年，萬克爾引擎第一台原型機才真正被開發出來，也就是轉子引擎的前身。此引擎最大的特色就是沒有活塞，跟傳統的往復式活塞引擎不同。而真正讓這款引擎發揚光大的功勞要歸功於日本車廠馬自達（Mazda），他們透過改良萬克爾引擎設計出「轉子引擎」，進而推出一系列高性能跑車，一舉打響轉子引擎的名聲。

▶ MAZDA 轉子引擎的演進

西元 1959 年正式發表 Wankel 轉子引擎後，與萬克爾合作的 NSU 公司就收到了來自世界各地 100 多家車廠的合作申請，其中包括了德國的 Benz、日本的 Toyota和 Mazda，不過，除了 Mazda 以外的其他車廠都紛紛打退堂鼓，因為經過實際的試驗後發現，要實際量產比想像中要困難許多。但 Mazda 當時的社長松田恒次卻是抱持著轉子引擎存在巨大潛力的想法，於 1961 年正式與NSU 合作，他們在研發的過程首次遇到一個很重要的瓶頸 -「chatter mark」，也就是轉子引擎本體與轉子接觸面上所產生的波狀異常磨耗，使引擎耐用度下降。後來研究部門透過改善轉子三端裝置的材質，才初步解決了這個問題。於 1967 年，第一輛搭載轉子引擎的量產車Cosmo Sport 正式問世，此後也陸續推出很多 Cosmo 車

系的車子，目標不只是跑車市場，更打入一般房車市場。

　　接著，要來介紹真正讓轉子引擎發光發熱的 RX 車系，從 1971 年誕生的首輛車 RX-3 在日本的賽場上創下 50 連勝的事蹟。到 2003 年，搭載最新型轉子引擎的 RX-8，讓轉子引擎成為汽車工業中的速度之最。但到了現代，轉子引擎由於油耗與現今排放廢氣法規的問題，不得不停產，但 Mazda 車廠仍保留這項技術，或許未來還有機會能看見轉子引擎的後續車款。

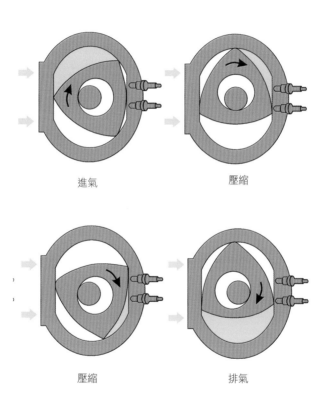

進氣　　　　　　　　　壓縮

壓縮　　　　　　　　　排氣

圖 1-3-1　萬克爾引擎運作示意圖

1-4 化油器到燃油噴射的歷史

▶ 化油器的發明與式微

簡單來說，化油器就是將空氣和燃料混和的裝置，燃燒主要為燃料和氧氣兩個部分，最早的功能性內燃機是使用易燃的氣體，例如氫氣與煤氣。1825 年薩繆爾 · 莫蘭（Samuel Morey）跟厄斯金 · 哈扎德（Eskine Hazard）發明了雙缸的引擎並且設計出第一個化油器，此引擎跟現代引擎一樣有兩個汽缸與一個化油器，但不同的是，汽缸產生的爆炸並沒有直接產生動力，爆炸期間只有將氣體從汽缸排出，再用水冷卻汽缸，冷卻的過程造成汽缸真空，再由大氣壓力來驅動活塞，造成當時引擎轉換的效率並不理想。所幸發現松節油當燃料的潛力，從此之後，混合系統基本都使用松節油或煤油來當作燃料。然而，1833 年柏林大學的米修里希 · 伊爾哈得教授（Eilhardt Mitscherlich）使用熱裂解來分解苯甲酸，實驗生出 Faraday's 烯烴氣體，他將此氣體稱作苯，也就是汽油的前身。而化油器也在 1980 年代中期後逐漸被有許多優點的燃油噴射所取代，逐漸在汽車工程上式微。

▶ 取代化油器的燃油噴射

燃油噴射，是一種內燃機所使用的供油手段，利用泵直接將所需要的燃油精確地注入至引擎的汽缸內以便進行燃燒。傳統的化油器是通過氣體的流動把浮箱內的燃油吸入汽缸中以便燃燒。而最早的燃油噴射技術約在 19 世紀開始發展，西元 1930 年開始運用在航空領域上，但在汽車工業上的運用一直都不普及，直到 1951 年德國 Bosch 公司成功開發了機械柱塞式汽油噴射裝置，才開始逐漸運用在汽車工業上，接著在 1962 年買下美國

Bendix 公司的電子控制噴射系統專利後，著手改良先前的機械汽油噴射裝置，於 1967 年發表機械式連續噴射系統（K-jetronic）。但 1970 之後，環保意識抬頭，燃料噴射也逐漸普及，才漸漸取代傳統的化油器引擎。1980 年代，汽車製造商開始在車輛排氣系統加裝三元觸媒轉化器來處理廢氣中的 HC、CO 與 NOX，但是觸媒轉化器要達到最佳淨化效率，必須將混合氣控制在理論混合比的狹小範圍內，傳統化油器的機械結構無法勝任，因此慢慢地結合電腦發展出更精準的電子燃油噴射裝置。

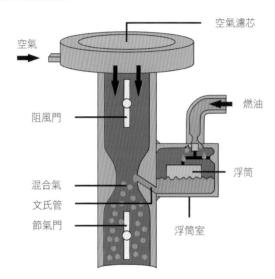

圖 1-4-1　傳統化油器示意圖

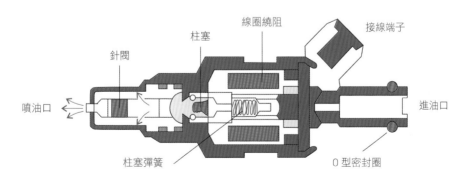

圖 1-4-2　噴射燃油示意圖

馬力與瓦特故事的由來

▶ 蒸汽機的改良

說到馬力這個單位的出現，就不得不提到英國 18 世紀非常著名的科學家瓦特（Watt），首先就要從他改良蒸汽機開始說起。很多人都會有一個謬誤，以為蒸汽機是瓦特發明的，其實不是，他只是做了一個改良的動作，不過這個改良卻造成很大的差別，為工業革命揭開了序幕。

故事得追溯至 1757 年，他於格拉斯哥大學開始進行修復的工作，並在校園內開了間小店，他因此認識了發現二氧化碳的布拉克教授（Joseph Black）與經濟學大師亞當‧史密斯（Adam Smith）。布拉克教會了瓦特物理學的知識和一些基本的實驗方法，幫他在未來從事研究的時候奠定了一些基礎，1763 年，格拉斯哥大學請他修理一台蒸汽機的模型，因此開啟了他偉大的成就之一。瓦特研究後發現它的致命缺陷：蒸氣進入汽缸將活塞往上推後，必須等蒸氣自然冷卻，活塞才會往下掉，才繼續循環。不但活塞動作間斷緩慢，蒸氣熱能有 4 分之 3 都浪費掉了，他花了 2 年才終於想出解決辦法，另建一個獨立的冷凝器與汽缸連接，活塞因為重力往下掉時可以將蒸氣排往冷凝器，因此可以讓汽缸始終是熱的，活塞就能不間斷地上下運動，並於 1776 年成功建造出第一台可運轉的商業用蒸汽機。

▶ 馬力單位的誕生

瓦特雖然發明出蒸汽機，但是卻對於為了找出可以衡量它的功率單位而傷透腦筋。直到有一天，他在酒吧喝酒時，看到了戶外拉著重物的馬匹，忽然間靈光一閃，便想著可以利用馬匹來進行他的實驗，他讓馬匹綁著繩

子並且透過定滑輪拉著 1000 磅的重物向前跑，讓重物向上提升，一分鐘後，可以發現重物到達 33 英尺，因此他便定義「馬力」為：一匹馬在一分鐘之內可以做 33000 尺磅（foot-pounds）的功。然而，瓦特這個功率單位是後人為了紀念他所設立的。但是由於換算起來很不方便，我國和世界上大多數國家後來就規定：1 馬力 =0.735 千瓦（公制）；而英制部分，1 馬力等於 746 瓦特，因此，我們可以從「馬力氣死了瓦特」這句話去記憶，是不是很好記呢！

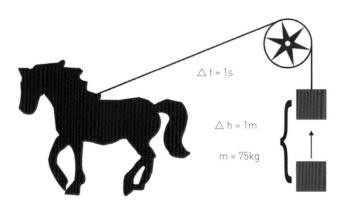

圖 1-5-1　馬力實驗示意圖

圖 1-5-2　蒸汽機汽車

（圖片取自：Nicolas-Joseph Cugnot ／ en.wikipedia.org）

半導體王國於汽車工業的貢獻

▶ 美國人開始採用交流發電機

其實如果從現代的角度來看，不論是交流電還是直流電，都有它的優缺點，只能說如果人們分別把它們應用在適合的地方，將可以使生活更便利。回到主題，當交流電還未被普及使用以前都是使用直流電的，當年配電系統初問世時，愛迪生以直流電的輸送系統為標準，並且發明了燈泡，造福了無數的人們，直流發電機的優點就是可以輕鬆並聯，當電能需求小的時候還可以關掉部分發電機以節約能源，並聯多個發電機更能進一步提高電力可靠性，但由於直流電無法輕易改變電壓，不利於長途的輸送。這時我們是不是開始想到交流電了？說到交流電，就不得不提到特斯拉，當時他是愛迪生底下的員工，同時也是一個鍾愛交流電的研究者，不過當時愛迪生並不認同他對交流電發展的設想，後來兩人便分道揚鑣，直到 1887 年，特斯拉才在西屋電氣公司工作時研發出世上第一個交流電感應馬達，並於隔年開始嶄露頭角，特斯拉研發的異步電動機非常有機會改變當時的電業生態，不僅展現出交流電在遠距離高壓傳輸的優點，還解決機器不能使用交流電的問題。

▶ 美國通用公司（GM）發表中央電腦控制汽車計畫

智慧型駕駛在現代是趨勢，在未來是現實，在科技日新月異的發展下，各大車廠也都在想辦法跟上時代。1970 年代後期，當時世界最大車廠 GM 就公開發表他們未來要開始研究使用電腦去控制汽車的研究，讓汽車工業邁向智慧化。從 90 年代全球第一輛有夜視鏡功能（Thermal imaging night vision system，熱感應影像夜

視系統）的汽車凱迪拉克 DTS 的出現，還有電腦控制可迅速依路面狀況自動調整軟硬度的電磁懸吊系統科技，可以看出這項計畫的成果。甚至在 90 年代後期，在美國部分車款可選配 OnStar 智慧通訊系統，具有衛星導航與數位收音機功能。2007 年，研發出了可靠的無人自動駕駛系統，這項系統當時已經能自動完成路邊停車的動作，也可遠端遙控，就像是在玩一輛大型的玩具遙控汽車，科技的進步是不是也讓這個世界多了很多樂趣呢？

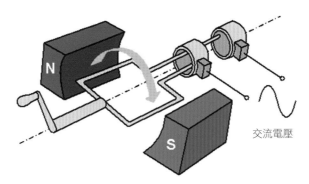

圖 1-6-1　交流發電機示意圖

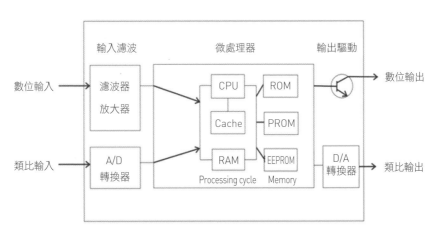

圖 1-6-2　ECU 內部構

CHAPTER 02

引擎基本原理

引擎的基本介紹

　　何謂「熱機」：將燃料燃燒產生之熱能轉換成機械能，使機械產生往復運動或迴轉運動以做功的裝置稱為「熱機」（Heat Engine），又依燃燒的方法可以分為內燃機和外燃機兩大類。

▶ 內燃機

　　燃料在熱機內部燃燒，而將其燃燒所爆發的力量直接轉變為機械能的機器，稱為「內燃機」，現可再分為往復式（Reciprocating）及迴轉式（Rotary）兩種。汽油引擎、柴油引擎等皆屬於往復活塞式內燃機（圖 2-1-1）。

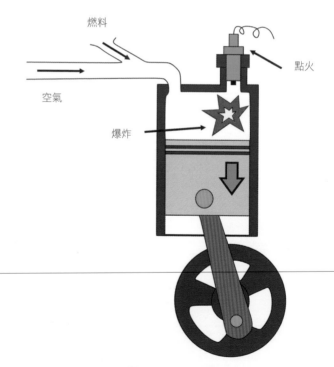

燃料

點火

空氣

爆炸

圖 2-1-1　內燃機

▶ 外燃機

　　燃料在熱機外部燃燒，將水變為蒸氣後，再將蒸氣導入熱機內部，或加熱工作氣體進而利用工作氣體（如氦氣）的熱脹冷縮，以推動熱機而產生機械能的機器，稱為外燃機（**圖 2-1-2**）。

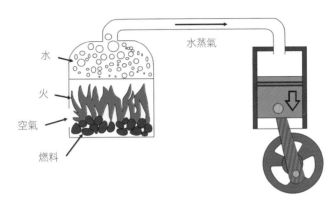

水
火
空氣
燃料
水蒸氣

圖 2-1-2　外燃機

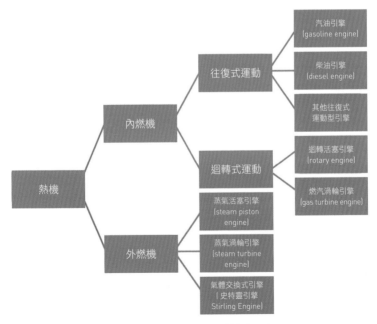

圖 2-1-3　內燃機和外燃機的分類

▶ 上死點（Top Dead Center，簡寫 T.D.C）

為活塞上行至最高之點，此時活塞之瞬間速度為零，慣性變化也最大，且此時在汽缸內的容積為最小，也是運動方向的改變點。

▶ 下死點（Bottom Dead Center，簡寫 B.D.C）

當活塞下行至最低之點，此時活塞之瞬間速度為零，慣性變化也最大，且此時在汽缸內的容積為最大，亦為運動方向的改變點。

▶ 行程（Stroke）

又稱「衝程」，為活塞在上死點和下死點間之距離。

▶ 活塞位移容積
（Piston Displacement Volume，簡寫 P.D.V）

上死點和下死點之間的容積，其值等於汽缸面積（活塞面積）和行程長度之乘積，俗稱排氣量（C.C or CM^3）。

▶ 燃燒室容積
（Combustion Chamber Volume，簡寫 C.C.V）

活塞在上死點時，活塞頂面上端的汽缸容積又稱汽缸頂部空隙、餘隙容積，汽油引擎燃燒室容積大約為活塞位移容積 10～15%。

▶ 汽缸容積（Total Cylinder Volume，簡寫 T.C.V）

活塞在下死點時，活塞頂面上端之汽缸總容積，等於活塞位移容積與燃燒室容積之和（C.C.V ＋ P.D.V ＝ T.C.V）。

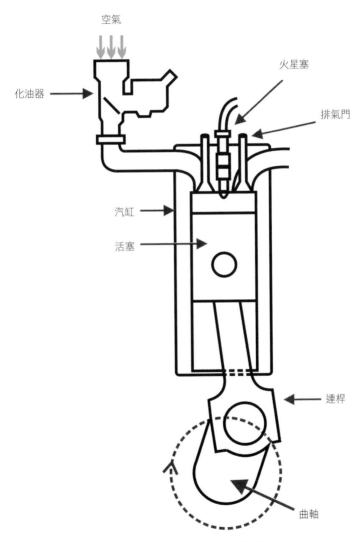

空氣

火星塞

化油器

排氣門

汽缸

活塞

連桿

曲軸

圖 2-2-1　活塞與曲軸的運動關係

引擎的種類和工作原理

▶ 四行程引擎

何謂「四行程」？最簡單的解釋就是活塞兩上兩下，亦即曲軸旋轉 720 度即可完成一次動力輸出的引擎就是四行程引擎。而四行程引擎的工作原理依順序可以分為 4 大部分：

（1）進氣行程

活塞在汽缸內自上死點向下行移動至下死點時，將新鮮的空氣和汽油的混合氣吸入汽缸之內（圖 2-3-1）。

（2）壓縮行程

進氣門和排氣門都關閉，活塞由下死點上行移動至上死點，將汽缸中的混合氣壓縮，壓縮主要是為了提高混合氣溫度（氣體在壓縮後有溫度上升的特性），從而利於混合氣的燃燒 （圖 2-3-2）。

（3）動力行程

此時進氣門和排氣門都關閉，火星塞適時發出高壓電火花，將溫度很高的混合氣點燃，使其燃燒爆炸產生巨大的壓力，將活塞從上死點推至下死點，進而推動曲軸做功產生動力 （圖 2-3-3）。

（4）排氣行程

活塞自下死點上行移動至上死點時，此時進氣門關閉，排氣門開啟，汽缸中已燃燒過的廢氣由活塞向上移動時經排氣門排放 （圖 2-3-4）。

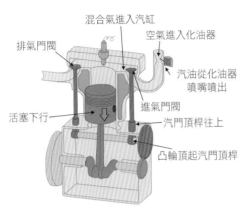

圖 2-3-1 進氣行程

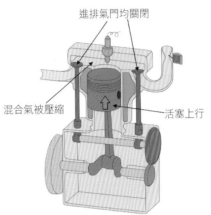

圖 2-3-2 壓縮行程

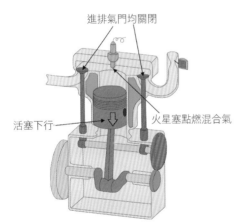

圖 2-3-3 動力行程

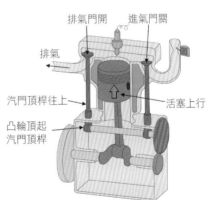

圖 2-3-4 排氣行程

▶ 二行程引擎

　　何謂「二行程」？二行程即是活塞移動兩個行程，也就是曲軸旋轉360°就可以完成進氣、壓縮、動力、排氣4個工作型態，完成一次循環，產生一次引擎動力，即稱為二行程引擎。因為結構的特殊，所以活塞所配合的行程，其運動方向與順序皆會與四行程相異。圖2-3-5至圖2-3-10為二行程引擎的完整動力循環流程圖。

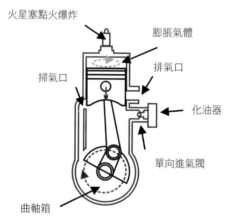

圖 2-3-5　二行程引擎的完整動力循環流程圖 1

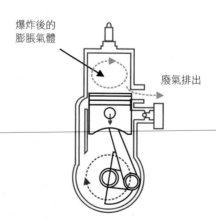

圖 2-3-6　二行程引擎的完整動力循環流程圖 2

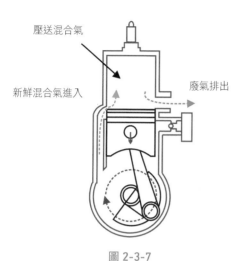

壓送混合氣

新鮮混合氣進入

廢氣排出

圖 2-3-7

二行程引擎的完整動力循環流程圖 3

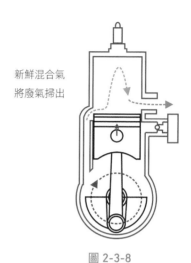

新鮮混合氣
將廢氣掃出

圖 2-3-8

二行程引擎的完整動力循環流程圖 4

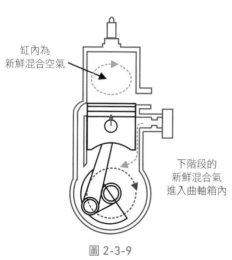

缸內為
新鮮混合空氣

下階段的
新鮮混合氣
進入曲軸箱內

圖 2-3-9

二行程引擎的完整動力循環流程圖 5

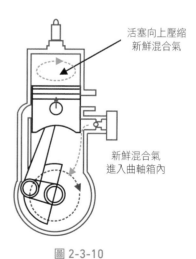

活塞向上壓縮
新鮮混合氣

新鮮混合氣
進入曲軸箱內

圖 2-3-10

二行程引擎的完整動力循環流程圖 6

引擎整體構造

▶ 搖臂室蓋

位於引擎的最上層，它的功用在於防止油從汽門噴出，比較需要注意的是中間的墊片，必須定時更換，不然墊片老化的話，可能會使油從縫隙中流出，造成危險。

▶ 汽缸蓋

又稱引擎上座，裡面較重要的元件有凸輪軸和汽門，一般這個部分做的保養會比較專業一點。例如壓力測試、檢查汽門等。

▶ 汽缸體和曲軸箱

這個部分為汽缸的本體，主要包含曲軸、活塞、機油濾網和一些水管接頭的部分。

▶ 油底殼

可以把它理解成引擎下方的蓋子，把它拆開就可以看到上方的機油濾網，並且需要定期清理上面的鐵屑。

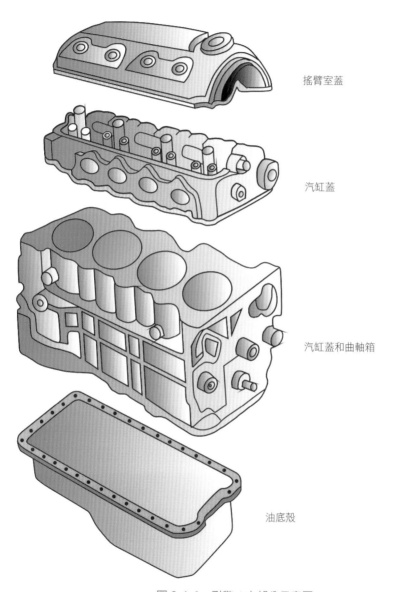

搖臂室蓋

汽缸蓋

汽缸蓋和曲軸箱

油底殼

圖 2-4-1　引擎 4 大部分示意圖

引擎重要元件簡介

▶ 曲軸

與連桿相接，經活塞的往復運動轉換成旋轉運動。

▶ 凸輪軸

由曲軸的旋轉帶動正時齒輪，再透過正時齒輪的傳遞而旋轉，用以控制汽門的開闔及驅動其他機件。

▶ 正時皮帶

正時皮帶是發動機配氣系統的重要組成部分，通過與曲軸的連結並配合一定的傳動比來保證進排氣時間的準確。

▶ 活塞

活塞的工作條件最嚴酷，汽車所產生的每一分力量都是靠活塞發出來的。其不但要承受巨大的壓力，而且要承受非常高的溫度。

▶ 汽門

安裝於汽缸蓋上，可分為進氣門和排氣門，作用為配合工作循環適時地開啟或關閉，做進氣與排氣。

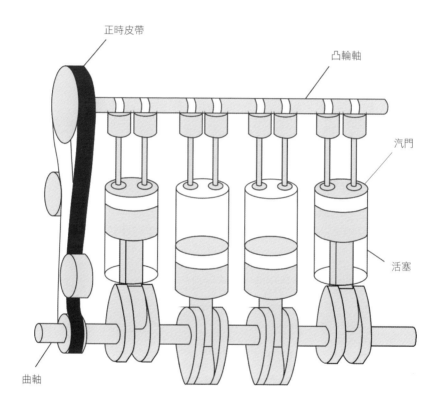

正時皮帶

凸輪軸

汽門

活塞

曲軸

圖 2-5-1　引擎的重要元件

引擎重要元件介紹－活塞

▶ 活塞材質

其要承受巨大的壓力,而且要承受非常高的溫度,活塞的行進速度有時可達 20m/s。因此,對活塞的材質及製造精度都是非常要求的,通常由鋁合金製成,具有以下特性:

(1) 比鋼或鑄鐵輕。

(2) 具有良好的導熱性。

(3) 有良好的強度,相當耐磨損。

(4) 具有較高的熱膨脹係數。

▶ 活塞結構

(1) 活塞頂

活塞頂端完全取決於燃燒室的要求,頂端採用平頂或接近平頂設計有利於活塞減少與高溫氣體的接觸面積,活塞頂的工作溫度通常在 $200℃ \sim 300℃$。

(2) 活塞環槽

用於安裝活塞環,活塞環的作用是密封、防止漏氣和防止機油進入燃燒室。

(3) 活塞裙

指活塞的下部分,它的作用是儘量保持活塞在往復運動中垂直的姿態,也就是活塞的導向部分。

（4）活塞銷孔

活塞通過活塞銷與連杆連接的支承部分，位於活塞裙部的上方。

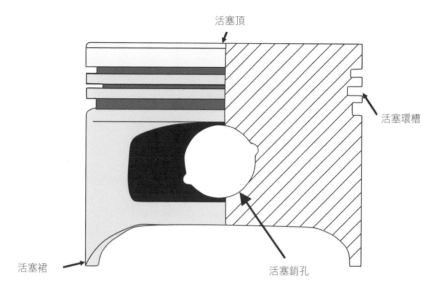

圖 2-6-1　活塞結構

引擎重要元件介紹 - 汽門

汽門安裝於汽缸蓋上，可分為進氣門和排氣門，作用為配合工作循環適時地開啟或關閉，做進氣與排氣。

▶ 汽門周圍元件

（1）汽門夾頭（valve collets）

（2）汽門彈簧座（valve spring retainer）

（3）汽門彈簧（valve spring）

（4）閥桿密封（valve stem seal）

（5）缸蓋（cylinder head）

（6）汽門（valve）

▶ 汽門數為何不能太多？

汽門較多發動機性能也較好，但多汽門的設計較複雜，汽門驅動方式、燃燒室構造及火星塞位置都要精密安排，而且製造成本高，工藝要求先進，維修也較困難，其帶來的效果並不是特別明顯，因此，現在基本採用更為流行的每缸 4 汽門。

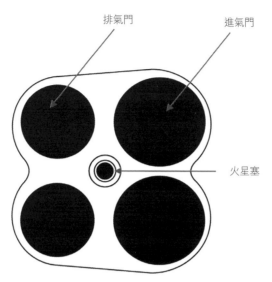

排氣門

進氣門

火星塞

圖 2-7-1　進氣門與排氣門俯視圖

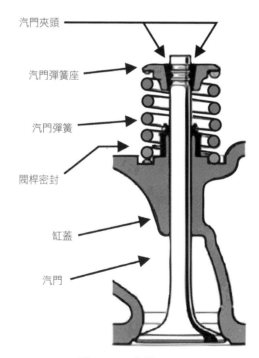

汽門夾頭

汽門彈簧座

汽門彈簧

閥桿密封

缸蓋

汽門

圖 2-7-2　汽門

引擎重要元件介紹－火星塞、飛輪

▶ 火星塞

用汽油為燃料之引擎，需靠火星塞來適時幫助點燃以燃燒爆炸產生推力，來推動活塞成為機械能，並且可承受正常溫度與攝氏 2,000-2,500 度的反覆循環、也可耐相當於大氣壓力 51 倍的壓力以及 20,000-30,000 伏特的高電壓，當然抵抗汽油、燃燒氣體所引起的化學腐蝕也是必須的。

▶ 飛輪

與曲軸相接，同時旋轉，因其質量夠大，可藉由其慣性作用儲存動力，使曲軸、活塞能夠平穩地旋轉。其位置關係圖如 圖 2-8-2。

▶ 飛輪為什麼能儲存動能？

飛輪的作用是用來儲存引擎的運動能量，利用重量和直徑都較大的飛輪先把動能儲存起來，便可帶動曲軸平穩運轉。飛輪儲存動能原理就像小孩子玩的陀螺。

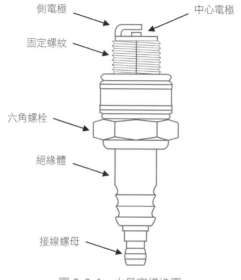

側電極　　中心電極
固定螺紋
六角螺栓
絕緣體
接線螺母

圖 2-8-1　火星塞構造圖

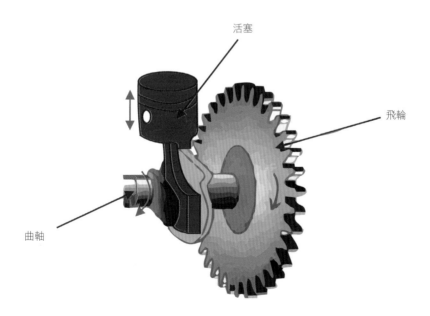

活塞
飛輪
曲軸

圖 2-8-2　飛輪所在位置示意圖

2-9

引擎剖面圖

▶ 火星塞

汽油引擎點火油氣產生動力的重要零件。

▶ 油底殼

用來儲存機油，內部有分隔板可以防止機油晃動而產生泡沫。油底殼連接汽缸下半座，中間夾著橡膠墊片來防止機油洩漏。

▶ 曲軸

與連桿相接，經活塞的往復運動轉換成旋轉運動。

▶ 凸輪軸

由曲軸的旋轉帶動正時齒輪，再透過正時齒輪的傳遞而旋轉，用以控制汽門的開閉及驅動其他機件，如分電盤、汽油泵、機油泵等。

▶ 噴油器

將液態油霧化，噴射到進氣口跟空氣混合形成油氣。

▶ 節氣門

控制車進氣量大小。

▶ 渦輪增壓器

可增加進入內燃機的空氣流量，提升內燃機的馬力輸出。

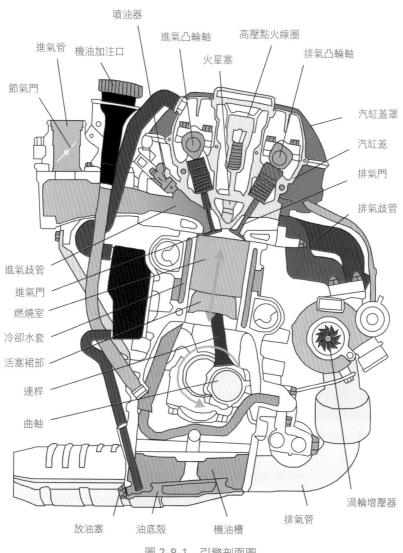

圖 2-9-1　引擎剖面圖

引擎的排列

▶ 直列式引擎

最常見的是直列布局的引擎,這種布局是指引擎所有汽缸均是按同一角度並排成一條直線,只使用一個汽缸蓋,其缸體和曲軸的結構也是汽缸排列方式中最簡單的。絕大多數小型車、緊湊型車或一部分中型車,都採用這種布局。

▶ V 型引擎

將汽缸分成 2 組,把相鄰汽缸以一定夾角布置在一起,從側面看汽缸呈 V 字形。通常的夾角為 90 度,但是實際應用中 90 度夾角在橫向距離上比較寬,不便於機艙的布置。而且更加傾斜的汽缸體,機油在受重力作用會使活塞頭潤滑不均勻,加大汽缸的磨損。為了避免這一弊端,也有更小夾角的汽缸體設計。

▶ 水平對臥式引擎

在上面介紹 V 型汽缸排列引擎的時候已經提到,V型布局形成的夾角通常為 90 度,而水平對臥式引擎的汽缸夾角為 180 度。水平對臥式引擎的製造成本和工藝難度相當高,所以目前世界上只有保時捷和斯巴魯兩個廠商在使用。

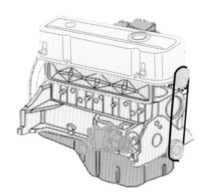

圖 2-10-1　直列式引擎示意圖

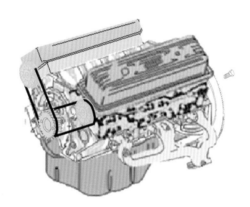

圖 2-10-2　V 型引擎示意圖

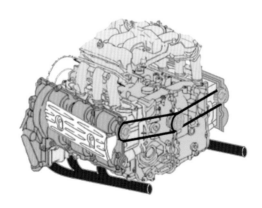

圖 2-10-3　水平對臥式引擎示意圖

CHAPTER 03

各式引擎的安裝

▶ 直列式引擎

直列式就代表引擎的所有汽缸均排列在同一平面上，引擎代號大多以 L 或 I 呈現。直列式引擎最大的特點在於直列式引擎的曲軸和車輛傳動軸平行，可以減少一次的傳動方向轉換，不僅可以降低動力的損耗，同時也可以降低成本。不過，直列式引擎也不是完全沒有缺點，在汽缸保持在同一直線的情形下，受限於車體引擎室大小，可以對應的汽缸數不如 V 型及水平對臥等引擎來得多，而且引擎本身的功率較低，且引擎震動也會較大。

以市面上普遍的直列式引擎來説，通常只有 4 個汽缸，引擎上下半部會用到的大小零件數大約有 124 個，其中最大宗以活塞占 48 個、閥門占 30 個，大概有 10 個安裝流程。

▶ V 型引擎

V 型引擎是指活塞引擎的汽缸分列在曲軸的兩側，在該方向上呈現出 V 字形。這種排列方式相較於水平直線排列的設計，可以減少引擎的長度、高度和重量。V 型引擎的汽缸排列並非垂直於曲軸，而是有一個角度，兩排汽缸之間的角度取決於汽缸的數量以及運作順暢的考量而有不同，比較常見的角度包括 60 度與 90 度。

以市面上普遍的 V 型引擎來説，例如 6 缸引擎零件一般會在 195 個上下，畢竟因為汽缸被區分為左右兩邊，無論凸輪軸、凸輪軸齒輪、鏈條、進排氣歧管等也都會隨之增加，大概有 18 個安裝流程。

▶ 水平對臥引擎

　　水平對臥引擎乃是根據複數的汽缸分成兩等分,以曲軸為中心呈現 180 度夾角而分列左右的形狀,因而得名水平對臥。水平對臥引擎最大的缺點是打造費時,製造成本相對較高。而且周邊配件和引擎腳的安裝孔位不一樣,這些零件無法開發單模成對生產,非得花費更多開模成本來製造兩側不同的引擎組件才行。同時,為了確保引擎工作效率和耐用度,進排氣角度、燃燒室氣流形狀、汽門結構等都必須經過精密的計算,增加了設計的困難度。

　　一般水平對臥引擎以 6 缸來計算,汽缸本體內尚有曲軸箱此類構建的新增,加上汽缸也是被分為兩邊,零件會比 V 型引擎再多一些,約有 220 個左右,大概有 20 個安裝流程。

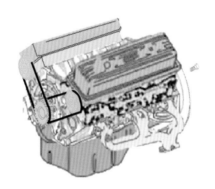

圖 3-1-1　V 型引擎

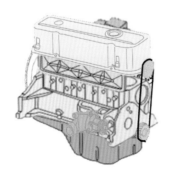

圖 3-1-2　直列式引擎

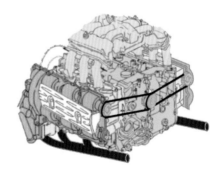

圖 3-1-3　水平對臥引擎

直列式引擎的安裝（一）

▶ 安裝曲軸

引擎安裝的第一步，就是要將曲軸放置進汽缸本體內，並利用軸承與螺絲固定，如此才方便後續汽缸與凸輪軸的安裝。

我們首先會把汽缸本體 180 度倒置，並裝上曲軸的下軸承，特別要注意的是，汽缸本體裝置下軸承的位置有個凹槽，是用來配合下軸承的突起處，當突起處卡進凹槽，下軸承就不會轉動。而後，就可再裝上曲軸。待曲軸裝置完成後，再依序裝置上軸承及上軸承蓋，上軸承的側面也是會有凹槽，與曲軸軸頸上的突起部分做卡合使其不轉動。最後裝軸承套，其中得用螺栓鎖緊至標準緊度，共需 10 根螺栓。

▶ 活塞安裝

首先，安裝活塞銷和連桿組件需先潤滑活塞和銷孔連桿，並將活塞銷壓入活塞銷孔並連接，使用活塞銷安裝套裝。再者，若要將活塞環安裝到活塞上時，請使用環形擴鉗工具，並小心地將活塞環擴展得比活塞的外徑大一些，將油控環墊圈安裝在凹槽中。安裝下部控油環，控油環沒有方向標記，可以安裝在任何一個方向。使用活塞環鉗安裝下壓環，下壓縮環有一個方向標記，這個標記必面向頂部活塞。上壓縮環一樣有一個方向標記，這個標記必面向頂部活塞。活塞組好之後，接著就要將活塞安裝至汽缸本體內。首先，我們得將活塞組件安裝到汽缸孔中，並使用活塞環壓縮器和連桿螺栓導向套件固定之，並用木錘柄輕輕敲擊頂部活塞。如此一來，活塞環壓縮器會緊緊靠在引擎缸體上，直至完全鎖定活塞環進入汽缸孔。

最後，是將活塞與曲軸固定，並將螺母均勻擰緊至 45 lb-ft。安裝完所有連桿軸承後，輕敲每個連桿組件直至曲柄銷平行，以確保它們保有間隙。

▶ 油底殼安裝

我們現階段已有安裝好曲軸、活塞和凸輪軸的汽缸本體，接著就要使用少量密封劑抹在汽缸本體與油底殼墊片連接處，接著，油底殼墊圈即可安裝上去，隨後也把油底殼安裝好。最後，就是將螺母和螺栓安裝到油底殼上，此時依照不同的油底殼會有不一樣的數量，而直列式引擎排量若在 2 升以下，大概會需要 16 組螺母和螺栓。

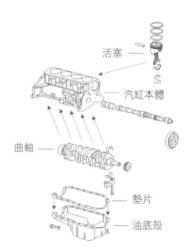

活塞

汽缸本體

曲軸

墊片

油底殼

圖 3-2-1　引擎下半部安裝示意圖

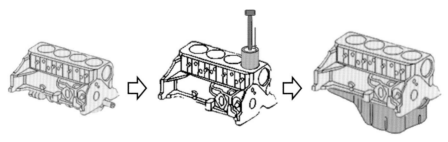

圖 3-2-2　各步驟完成圖

▶ 閥門搖臂安裝

首先我們得先使用搖臂式螺柱安裝器將螺柱鎖在汽缸頭上，並確認未有歪斜狀況，而後就可以依序裝上以下幾個構件，分別是閥桿油封、閥門彈簧、閥桿油護罩和閥門彈簧蓋進氣口。接著使用閥門彈簧壓縮器將以上組件安裝在汽缸頭上，待上述安裝完之後，就能將閥門推桿插入閥門推桿插座中，再將汽門搖臂裝在閥門搖臂螺柱上，然後依序裝上汽門搖臂球，並鎖上汽門搖臂螺母。

當上述都安裝完畢後，搖臂的基礎安裝已經完成，我們只需要在最後安裝推桿蓋墊圈及推桿蓋，再將螺絲鎖緊，就完成了閥門搖臂和推桿安裝。

▶ 凸輪軸安裝

安裝凸輪軸比安裝曲軸更簡單，只要將凸輪軸放置上汽缸頭上即可，通常會有固定的下軸承於汽缸頭供固定。待凸輪軸裝置完成後，再依序裝置上軸承及上軸承蓋，最後裝軸承套，得用螺栓鎖緊至標準緊度，共需 8 根螺栓。

▶ 汽缸頭及汽門搖臂蓋安裝

過第一步驟後，汽缸頭已然一體成型，既然如此，就得將其安置於引擎本體上，讓引擎上下半部完成合併。首先，我們得放置汽缸蓋墊片並且對應正確的插銷孔，接著就可以裝上汽缸頭，放置成功後得用螺絲將汽缸頭和引擎本體鎖上。

▶ 歧管及火星塞安裝

　　到了最後一個步驟，我們要將點火和進氣系統統合，這時我們就要把進／排氣歧管與火星塞給安裝上剛剛已經組好的引擎。這部分的安裝並不難，首先，我們必須將進／排氣歧管的墊圈先安裝在上方汽缸蓋對應的插銷孔，並且用螺絲將進／排氣歧管給鎖上，在這裡必須要注意墊圈是對應正確的歧管，有些引擎的進氣歧管和排氣歧管有些距離，所以連帶墊圈也有兩片，本示意圖則是使用一片作為展示。最後，是將火星塞裝上，位置可以在引擎上半部找到，會有專門給火星塞安裝的孔，裝上後確保有被鎖緊，即完成本系列安裝。

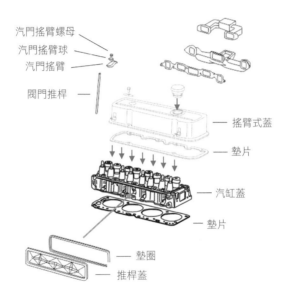

汽門搖臂螺母
汽門搖臂球
汽門搖臂
閥門推桿
搖臂式蓋
墊片
汽缸蓋
墊片
墊圈
推桿蓋

圖 3-3-1　引擎上半部安裝示意圖

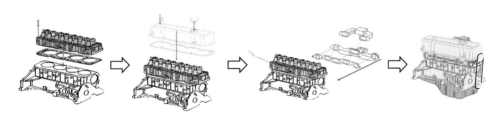

圖 3-3-2　各步驟完成圖

3-4

直列式引擎的安裝 (三)

▶ 曲軸鏈輪及凸輪軸鏈輪安裝

由於曲軸和凸輪軸在引擎運動中得互相連動,我們必須安裝鏈輪確保彼此連動確實是互相的。安裝之前,我們照慣例得先檢查鏈輪的輪齒和安裝槽有無磨損,確認沒有問題後,即可將曲軸鏈輪安裝到曲軸鍵槽中,過程得使用曲軸鏈輪安裝器安裝曲軸鏈輪。

安裝凸輪軸鏈輪步驟也差不多。安裝之前,我們照慣例得先檢查鏈輪的輪齒和安裝槽有無磨損,確認沒有問題後,即可將凸輪軸鏈輪安裝到凸輪軸鍵槽中,過程得使用凸輪軸鏈輪安裝器安裝凸輪軸鏈輪。最後,為了使彼此連動可以成真,裝上鏈條。

▶ 安裝引擎飛輪

安裝引擎飛輪得先檢查鏈輪的輪齒有無磨損,確認沒有問題後,即可將飛輪安裝到曲軸尾段,過程中必須將飛輪螺栓一一和汽缸本體結合,並鎖至標準緊度。

▶ 安裝水泵

安裝前,須檢查水泵是否有磨損,以及構建是否符和引擎標準規格。檢查後,將水泵和墊圈放在引擎缸體上,確認位置正確後,即可利用水泵螺栓將水泵擰緊。

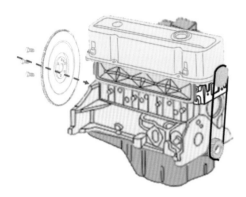

圖 3-4-1　飛輪安裝示意圖

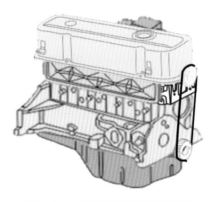

圖 3-4-2　鏈輪及鏈條安裝示意圖

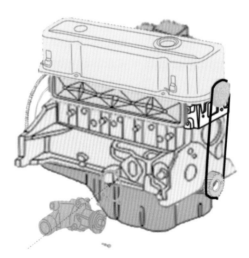

圖 3-4-3　水泵安裝示意圖

V型引擎的安裝（一）

▶ 安裝曲軸

我們首先在把汽缸本體 180 度倒置，並裝上曲軸的下軸承，要特別注意的是，汽缸本體裝置下軸承的位置有個凹槽，是用來配合下軸承的突起處，當突起處卡進凹槽，下軸承就不會轉動。而後，就可再裝上曲軸。待曲軸裝置完成後，再依序裝置上軸承及上軸承蓋，上軸承的側面也會有凹槽，與曲軸軸頸上的突起部分做卡合使其不轉動。最後裝軸承套，其中得用螺栓鎖緊至標準緊度，共需 10 根螺栓。

▶ 活塞安裝

首先，安裝活塞銷和連桿組件需先潤滑活塞和銷孔連桿，並將活塞銷壓入活塞銷孔並連接，使用活塞銷安裝套裝。再者，若要將活塞環安裝到活塞上時，請使用環形擴鉗工具，並小心地將活塞環擴展得比活塞的外徑大一些，將油控環墊圈安裝在凹槽中，安裝下部控油環。控油環沒有方向標記，可以安裝在任何一個方向。使用活塞環鉗，下壓縮環有一個方向標記，這個標記必須面向頂部活塞。下壓縮環也有一個斜面在面向活塞底部的邊緣上。使用活塞環鉗，安裝上部壓縮環。上壓縮環有一個方向標記，這個標記必須面向頂部活塞。

活塞組好之後，接著就要將活塞安裝至汽缸本體內。首先，我們得將活塞組件安裝到汽缸孔中，並使用活塞環壓縮器和連桿螺栓導向套件固定之，並用木錘柄輕輕敲擊頂部活塞。如此一來，活塞環壓縮器會緊緊靠在引擎缸體上，直至完全鎖定活塞環進入汽缸孔。

最後，是將活塞與曲軸固定，並將螺母均勻上鎖，第一次先將螺母擰緊至標準緊度，然後再將螺母擰緊到

標準角度（通常為 70 度）。安裝完所有連桿軸承後，尚可輕敲每個連桿組件直至曲柄銷輕微平行，以確保它們保有間隙。

▶ 油底殼安裝

　　第一階段的最後一個步驟，就是要完成油底殼的安裝，這次安裝步驟相對簡單，我們現階段已有安裝好曲軸、活塞和凸輪軸的汽缸本體，接著，就要使用少量密封劑抹在汽缸本體與油底殼墊片連接處，油底殼墊圈即可安裝上去，隨後也把油底殼安裝好。最後，就是將螺母和螺栓安裝到油底殼上，此時依照不同的油底殼會有不一樣的數量。

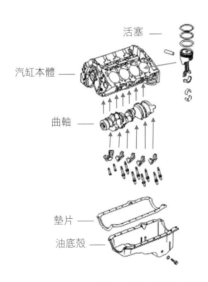

圖 3-5-1　V 型引擎下半部安裝示意圖

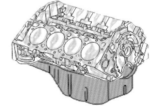

圖 3-5-2　V 型引擎各步驟完成圖

V型引擎的安裝（二）

▶ 閥門搖臂安裝

　　首先，我們得先使用搖臂式螺柱安裝器將螺柱鎖在汽缸頭上，並確認未有歪斜狀況，而後就可以依序裝上以下幾個構件，分別是閥桿油封、閥門彈簧、閥桿油護罩和閥門彈簧蓋進氣口。接著，使用閥門彈簧壓縮器將以上組件安裝在汽缸頭上。待上述安裝完後，就能將閥門推桿插入閥門推桿插座中，再將汽門搖臂裝在閥門搖臂螺柱上，然後依序裝上汽門搖臂球，並鎖上汽門搖臂螺母。

▶ 凸輪軸安裝

　　安裝凸輪軸比安裝曲軸簡單，只要將凸輪軸放置上汽缸頭之上即可，通常會有固定的下軸承於汽缸頭供固定。待凸輪軸裝置完成後，再依序裝置上軸承及上軸承蓋，最後裝軸承套，得用螺栓鎖緊至標準緊度，共需 8 根螺栓。

▶ 汽缸頭安裝

　　先放置汽缸蓋墊片並且對應正確的插銷孔，接著裝上汽缸頭，並且用螺絲將汽缸頭和引擎本體鎖上。先安裝汽門搖臂蓋墊圈，接著安裝汽門搖臂蓋，再用螺絲鎖緊。

▶ 進氣／排氣歧管及火星塞安裝

　　接著安裝火星塞並且鎖緊。再將進氣／排氣歧管墊圈安裝在上方汽缸蓋對應的插銷孔，並且用螺絲將進氣／排氣管鎖上。

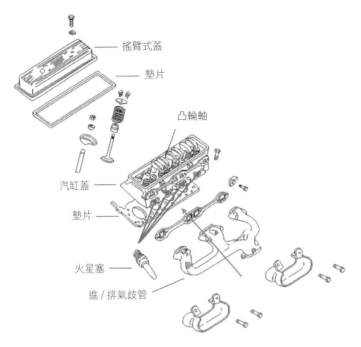

圖 3-6-1　V 型引擎上半部示意圖

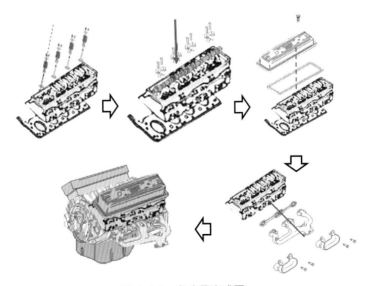

圖 3-6-2　各步驟完成圖

V型引擎的安裝（三）

▶ 曲軸鏈輪及凸輪軸鏈輪安裝

由於曲軸和凸輪軸在引擎運動中得互相連動，我們必須安裝鏈輪確保彼此連動確實是互相的。安裝之前，我們得先檢查鏈輪的輪齒和安裝槽有無磨損，確認沒有問題後，即可將曲軸鍵輪安裝到曲軸鍵槽中，過程得使用曲軸鏈輪安裝器安裝曲軸鏈輪。

安裝凸輪軸鏈輪步驟也差不多。安裝之前，我們先檢查鏈輪的輪齒和安裝槽有無磨損，確認沒有問題後，即可將凸輪軸鏈輪安裝到凸輪軸鍵槽中，過程得使用凸輪軸鏈輪安裝器安裝凸輪軸鏈輪。最後，為了使彼此連動可以成真，裝上鏈條。

▶ 安裝引擎飛輪

安裝引擎飛輪得先檢查鏈輪的輪齒有無磨損，確認沒有問題後，即可將飛輪安裝到曲軸尾段，過程中必須將飛輪螺栓一一和汽缸本體結合，並鎖至標準緊度。

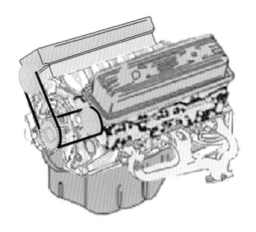

圖 3-7-1　鏈輪及鏈條安裝示意圖

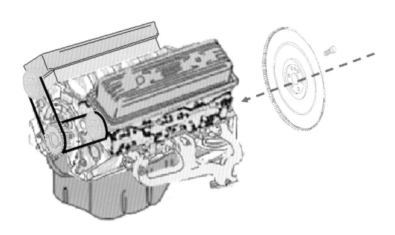

圖 3-7-2　飛輪安裝示意圖

▶ 安裝曲軸

首先，從引擎正面（需安裝正時皮帶那面）區分，可把曲軸箱分為左右之別。對此，首先會先將右曲軸箱給倒放，並且將軸承裝置上右曲軸箱的曲軸放置處。而理所當然的，曲軸箱安裝軸承的位置有個凹槽，是用來配合軸承本身的突起處，當突起處卡進凹槽，軸承就可以避免曲軸產生不規則轉動。在此要提醒的是，此步驟並不一定適用各式車款，例如保時捷（Porsche）的曲軸箱就無軸承的設計，而速霸陸（Subaru）的水平對臥引擎卻有此設計。而當軸承安裝完畢後，此時就可將曲軸放入軸承上，並將左曲軸箱也連袂裝置於上。

緊接著，安裝者得在左曲軸箱鎖上單邊螺栓，這個零件是用來讓左右兩個曲軸箱完整固定用，上下兩排各需 6 根，共需 12 根單邊螺栓，依據維修手冊的規劃將螺絲鎖至標準緊度，並確保有完整鎖進曲軸箱內，就可以準備安裝活塞。

▶ 活塞安裝

首先，安裝活塞銷和連桿組件需先潤滑活塞和銷孔連桿，並將活塞銷壓入活塞銷孔並連接，使用活塞銷安裝套裝。再者，若要將活塞環安裝到活塞上時，請使用環形擴鉗工具，並小心地將活塞環擴展得比活塞外徑大一些。將油控環墊圈安裝在凹槽中，安裝下部控油環。控油環沒有方向標記，可以安裝在任何一個方向。使用活塞環鉗，下壓縮環有一個方向標記，這個標記必須面向頂部活塞。下壓縮環也有一個斜面在面向活塞底部的邊緣上。使用活塞環鉗，安裝上部壓縮環，上壓縮環有一個方向標記，這個標記必須面向頂部活塞。

　　活塞組好之後，接著就要將活塞與曲軸箱連結。這時候我們有完整一組活塞，而連桿組件尚未鎖緊。此時即要將活塞兩構件分別從曲軸箱的左右兩邊各別放進曲軸箱內與曲軸相合，舉例來說，若要安裝右側 3 組活塞，則將活塞本體從右方裝入曲軸箱內的曲軸，而活塞下半部從左方裝入曲軸箱內的曲軸，兩者相合再鎖上。同理，左側的活塞安裝亦是如此。而後，活塞和曲軸互相固定，這時得將活塞放入汽缸本體內，汽缸本體本身就有 3 個孔負責放置活塞，對應放入即可，不必鎖上任何螺絲。以此步驟將左右共 6 個活塞放置進對應的引擎本體，即完成活塞安裝。

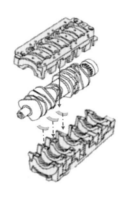

圖 3-8-1　曲軸與曲軸箱安裝示意圖

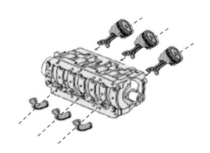

圖 3-8-2　活塞組件安裝到曲軸

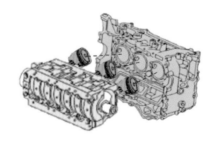

圖 3-8-3　活塞組件安裝到汽缸本體

▶ 閥門及搖臂蓋安裝

本次使用的構建與直列式等引擎沒有太大的差異，所以讓我們直接來解說安裝的流程。要安裝閥門之前，我們需要先將汽缸本體給添上墊片，並且在墊片上裝上雙邊螺絲，而後才能將汽缸頭給安置於上。要安裝構件前，首先我們得先使用搖臂式螺柱安裝器將螺柱鎖在汽缸頭上，並確認未有歪斜狀況，而後就可以依序裝上以下幾個構件，分別是閥桿油封、閥門彈簧、閥桿油護罩和閥門彈簧蓋進氣口。一般來說，一個汽缸只會有一組進氣閥和排氣閥，共計 2 個閥，而保時捷 911 系列是個特例，每個汽缸就會有 2 組進氣閥和排氣閥，一共會有 4 個閥。

當閥門安裝完之後，則可以安裝歧管支柱於上，此構建是用以確保進氣歧管和排氣歧管能正確進入閥門內，這部分的固定得用螺絲將歧管支柱和汽缸頭給栓上。

▶ 凸輪軸安裝

安裝凸輪軸比安裝曲軸簡單，只要將凸輪軸放置在汽缸頭之上，而後再將凸輪軸座放上即可，通常會有固定的下軸承於汽缸頭供固定。待凸輪軸裝置完成後，再依序裝置軸承及軸承蓋，最後裝軸承套，得用螺栓鎖緊至標準緊度，一個凸輪軸共需 10 根螺栓，而一邊 3 組汽缸共需要 2 組凸輪軸，故需 20 根螺栓。當凸輪軸固定後，就可以把凸輪軸座安裝上去，用螺絲固定，一共需要 6 根螺絲。固定後，凸輪軸的安裝就大功告成。

▶ 歧管及火星塞安裝

　　到了最後一個步驟，我們要將點火和進氣系統統合，這時我們就要把進／排氣歧管與火星塞安裝上剛剛已經組好的引擎。這部分的安裝並不難，先談火星塞，火星塞安裝的位置可以在凸輪軸座找到，上頭會有專門給火星塞安裝的孔，而數量來說，汽缸會有固定的火星塞，通常是一個汽缸配一個火星塞，裝上後確保有被鎖緊，即完成安裝。

　　最後，我們必須將進／排氣歧管的墊圈先安裝在上方汽缸蓋對應的插銷孔，並且用螺絲將進／排氣歧管給鎖上，而水平對臥引擎的進氣歧管通常置於引擎上方，而排氣歧管置於下方，有獨立兩根。安裝完成後，就完成全系列的安裝。最後，要將閥蓋給安裝上凸輪軸座，確保安裝完成。

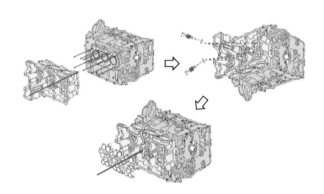

圖 3-9-1　閥門及搖臂蓋安裝流程

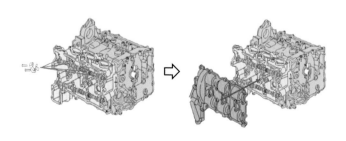

圖 3-9-2　凸輪軸安裝流程

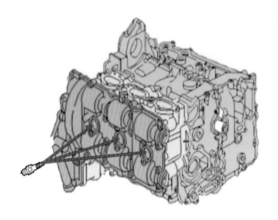

圖 3-9-3　火星塞安裝示意圖

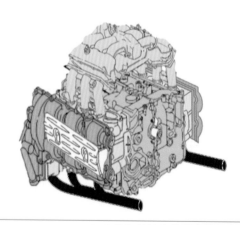

圖 3-9-4　進氣和排氣歧管安裝示意圖

3-10 水平對臥引擎的安裝（三）

▶ 曲軸鏈輪及凸輪軸鏈輪安裝

由於曲軸和凸輪軸在引擎運動中得互相連動，我們必須安裝鏈輪確保彼此連動確實是互相的。安裝之前，我們先檢查鏈輪的輪齒和安裝槽有無磨損，確認沒有問題後，即可將曲軸鏈輪安裝到曲軸鍵槽中，過程得使用曲軸鏈輪安裝器安裝曲軸鏈輪。

安裝凸輪軸鏈輪步驟也差不多。安裝之前，我們得先檢查鏈輪的輪齒和安裝槽有無磨損，確認沒有問題後，即可將凸輪軸鏈輪安裝到凸輪軸鍵槽中，過程得使用凸輪軸鏈輪安裝器安裝凸輪軸鏈輪。最後，為了使彼此連動可以成真，裝上鏈條。

▶ 安裝引擎飛輪

安裝引擎飛輪得先檢查鏈輪的輪齒有無磨損，確認沒有問題後，即可將飛輪安裝到曲軸尾段，過程中必須將飛輪螺栓一一和引擎本體結合，並鎖至標準緊度。

圖 3-10-1　鏈輪與鏈條安裝示意圖

圖 3-10-2　飛輪安裝示意圖

CHAPTER 04

- - - - - - - -

供油系統

供油系統

　　供油系統分為化油器和燃油噴射系統兩種，但是就馬力輸出、燃油效率、廢氣汙染、可靠度等各方面來説，化油器比起燃油噴射系統可説是一無是處。所以，引擎供油系統就是單指燃油噴射系統。噴油系統是由燃油輸送系統、感應器系統、電腦控制系統所組成。它的工作原理就是利用汽油幫浦將汽油加壓以後，從油箱送進高壓油路，經過壓力調整器的調節作用，使系統中的供油壓力維持在 2.0 ～ 2.5kg/cm²，也就是將送到噴油嘴的汽油壓力保持在 2.0 ～ 2.5kg/cm²（30 ～ 38psi）。同時，由各感應器將引擎的進氣量及運轉狀態以電壓訊號的形式傳送到供油電腦（ECU：Electronic Control Unit），ECU 會根據這些電壓訊號加以分析，算出所需的噴油量，也就是算出噴油嘴的噴油時間，然後再將噴油訊號傳送到噴油嘴的線圈，噴油嘴接收噴油訊號後，將噴油閥打開，汽油便噴到進氣門前方的進氣岐管內，再隨著進氣門的打開進入汽缸內。

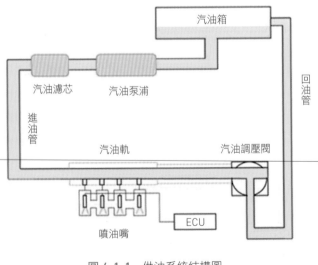

圖 4-1-1　供油系統結構圖

供油系統可依時間年代分成不同的演進，主要可分為化油器以及噴射時期。

▶ 化油器（1890-1970 年代）

傳統的汽油發動機一直廣泛採用的燃料供給系統。它先將汽油預先在化油器中霧化，與空氣混合，形成可燃混合氣，然後將混合氣吸入汽缸燃燒。

雖然化油器的構造簡單、耐用、成本低廉，不過在供油精準度上已無法跟上時代，在近幾年，已開發中國家幾乎看不到化油器的存在。

▶ 噴射時期─機械式（1950-1980 年代）

在 1950 年代，為了提高引擎輸出而得到更好的加速性能，Bosch 開發了一套機械控制式汽油噴射裝置（Bosch mechanical gasoline direct injetion system），採用的是機械柱塞式噴射泵，並在汽缸內直接噴射汽油，提高了引擎的輸出。

1967 年，Bosch 發表了 K-jetronic 汽油噴射系統，不同於之前的機械噴射，K-jetronic 不需要驅動，由電動泵供應汽油，依據吸入的空氣流量在汽門前連續噴射汽油。

1981 年，Bosch 發表了 KE-jetronic 汽油噴射系統，是以原本的 K-jetronic 為基礎，加了電子裝置（電磁油壓作動器、引擎溫度感知器、含氧感知器等）來增進計量壓力、調節汽油量的能力，改善了 K-jetronic 操縱靈敏度差這個缺點。

▶ 噴射時期─電子式（1960-1980 年代）

Bosch 在 1967 年發表了 D-jetronic 系統，應用在不

少的車款上。D-jetronic（壓力計量式電子噴射系統）是以進氣岐管壓力及引擎轉速作為噴油量的依據。使用電子式噴射系統較能精確掌握感測器的數據，精準控制噴油量，使引擎能有更好的輸出。

在 1981 年，Bosch 研發出了 LH-jetronic，用熱線式空氣流量計取代翼板式空氣流量計，熱線式比起翼板式能有更好的表現，可以直接檢測空氣流量，而且進氣阻力小，反應速度也快許多。

▶ 噴射時期—電腦式（1977 年至今）

從 1977 年 Bosch 發表了 Motronic 系統後，相對於 L-jetronic 系統，增加了感測器。在點火方面，用每個汽缸獨立的點火線圈取代了配電盤，將冷車啟動的機制整合進主噴油嘴，根據引擎溫度控制噴油量。

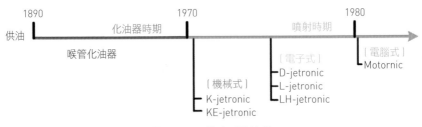

圖 4-2-1　供油系統演進

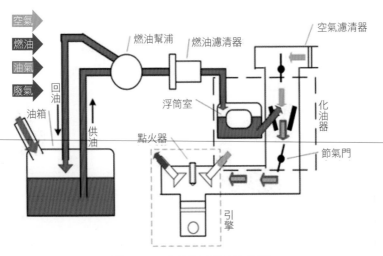

圖 4-2-2　化油器式供油流程圖

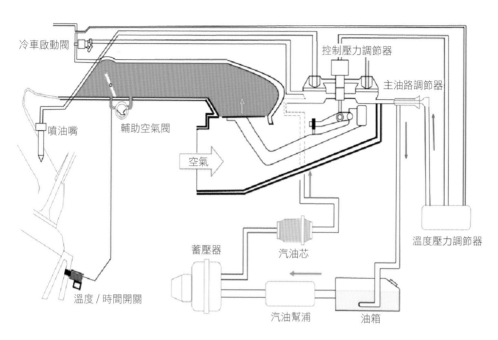

圖 4-2-3　K-jetronic 汽油噴射系統

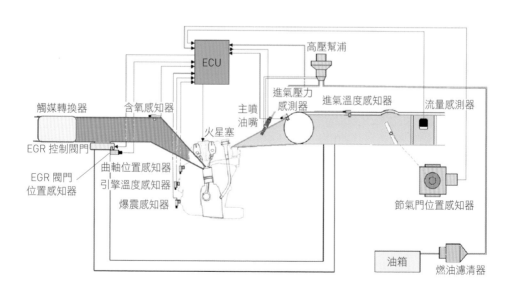

圖 4-2-4　電腦噴射系統

化油器（一）歷史

　　化油器是將空氣和燃料混合的裝置，燃燒主要由燃料和氧氣兩個部分，最早的功能性內燃機是使用易燃的氣體，例如氫氣與煤氣。

　　William Barnett 設計出第一個汽油化油器，這項發明讓他在 1838 年獲得專利號 NO.7615，這專利擁有兩種早期內燃機的關鍵發明，一是利用動力壓縮的方式來混合空氣與燃料；二是利用點火裝置將汽缸中的油氣混合物點燃，這期間設計出的化油器主要分成兩種，一種為 wick carburetor，另一則是 surface carburetor（如圖 4-3-1）。然而，第一個用在汽車上的是 wick carburetor，這種化油器利用油燈原理吸取燃油，然後將燈芯暴露在發動機流動的空氣中，使空氣和燃料揮發氣體混合；相比之下，surface carburetor 使用引擎排出的氣體來加熱燃料，使燃油蒸氣正好在燃油表面上方，來達成空氣與燃料的混合。

　　Nikolaus August Otto 自 1860 年就一直努力尋找更好的引擎燃料，於 1885 年成功找出更好的碳氫燃料（酒精／汽油），後來研發出第一款採用 4 衝程原理的汽油引擎，配備一個 surface carburetor 和 Nikolaus August Otto 自己設置的電子點火裝置（如圖 4-3-2），且在安特衛普世博會上獲得了最高的讚譽和認可。這種設計後來由 Deutz 的 Otto & Langen 公司長期大量銷售。

　　1893 年 Wilhelm Maybach 發表 jet-nozzle carburetor，這個化油器可以讓燃料從噴嘴噴到擋板表面上，讓燃料以錐形的型態分布。

圖 4-3-1 wick carburetor（左）和 surface carburetor（右）

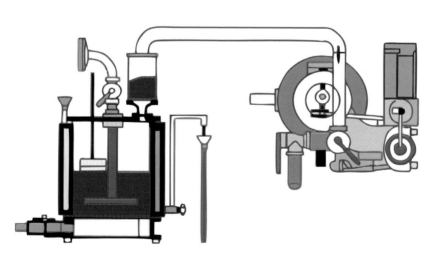

圖 4-3-2 surface carburetor 搭配點火裝置

4-4 化油器（二）原理

化油器的原理是利用文氏管原理設計的，文氏管效應是流體動力學中的一個原理，亦即流體的速度必須隨著其通過收縮的管線而增加。當發生這種情況時，速度增加而使靜壓降低。壓力降低伴隨著速度的增加是物理定律的基礎，這被稱為柏努利原理。

在引擎的進氣行程中（吸入混合氣的期間）因活塞往下降的時候，燃燒室內的壓力也就跟著下降，於是空氣就順著化油器的吸入管，經過進氣岐管，汽門流入燃燒室內，在文氏管上設置燃料噴嘴的話，汽油就可被吸上了，被吸上的汽油因為空氣流動的壓力，使汽油和空氣的混合氣成為霧狀，與空氣流動的原理情形一樣，因活塞作用產生負壓（低於大氣壓力），因此混合氣就被吸進燃燒室裡去了。

影響化油器故障的因素：

▶ 由於發動機的所有工作特性均與化油器相關，如加速、過渡、油耗等。因此判斷汽車發生的性能故障原因時，往往會將電器件或其他機械部件的故障與化油器混為一談，誤判為化油器故障而更換化油器。如：濾清器失效使雜質堵塞化油器，更換新化油器故障消除等。

▶ 相關零部件的質量問題，使化油器使用壽命大大縮短。如清潔度的降低，增大化油器零部件的磨損等。

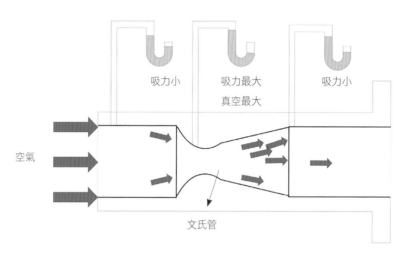

圖 4-4-1　文氏管原理圖

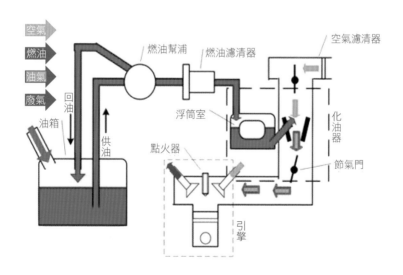

圖 4-4-2　化油器式供油流程圖

化油器（三）種類

▶ **依文氏管構造區分：**

（1）**固定喉管式**：文氏管截面積為固定，而文氏管真空吸力隨節氣門開度而改變，如**圖 4-5-1**。

（2）**可變喉管式**：文氏管截面積為可變，而文氏管真空吸力隨節氣門開度而皆不變，如**圖 4-5-2**。

▶ **依進氣方式區分（如圖 4-5-3）：**

（1）**下吸式**：構造簡單，安裝容易，使用最多。

（2）**橫吸式**：為可變喉管式使用最多。

（3）**上吸式**：當浮筒室溢油時，較不易使汽油進入汽缸中，因汽油質量較重，受重力影響不易吸入汽缸中，容易造成混合氣太稀。

▶ **依管數作用區分：**

（1）**單管**：文氏管效應作用在低速時良好，但高速時變差，如**圖 4-5-4**。

（2）**雙管式**：小口徑的管口為主管，大口徑的管口為副管，如**圖 4-5-5**。

（3）**四管式**：管數愈多時，可利用而得到良好的文氏管效應，增加空氣量，提高怠速的穩定性，容易增加最高的轉速，如**圖 4-5-5**。

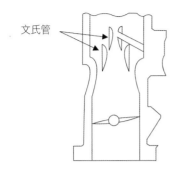

文氏管

圖 4-5-1　固定喉管式

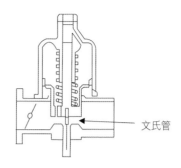

文氏管

圖 4-5-2　可變喉管式

空氣

汽油

油氣

下吸式化油器

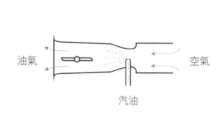

油氣

空氣

汽油

橫吸式化油器

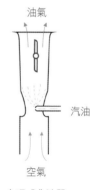

油氣

汽油

空氣

上吸式化油器

圖 4-5-3　化油器進氣方式

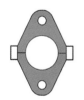

單管文氏管

圖 4-5-4　化油器單管

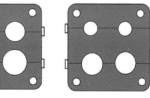

主管

副管

複管文氏管

圖 4-5-5　化油器雙管及四管

4-6

機械噴射系統（一）歷史

汽油噴射引擎燃料系統的演進，以博世（Bosch）噴射系統為主，以下以幾個重要時間點作為分別：

▶ 1950 年，Bosch 開發了一套機械控制式汽油噴射裝置（Bosch mechanical gasoline direct injection system），採用的是機械柱塞式噴射泵，並在汽缸內直接噴射汽油，顯著提高引擎輸出與更高的加速性能。

▶ 1962 年，Bosch 買下 Bendix 的電子噴射專利，加以研發與改良後，從此發展 2 套系統，一是延續先前的機械連續噴射式，二是電子控制噴射式。

▶ 1967 年，機械連續噴射式系統發表了 K-jetronic 汽油噴射系統，不同於之前的機械噴射，K-jetronic 不需要引擎驅動，改由電動泵加壓供給燃料，由空氣流量感知板偵測吸入的空氣量，經連桿去控制分油盤柱塞的位置量測油量，使汽油經分油盤到噴射器，當送至噴射器時，油壓即推開針閥，開始不停地噴射。此系統構造簡單、維修較容易、穩定性高。

▶ 1981 年，機械連續噴射式系統又發表了 KE-jetronic 型式，是以原本的系統組件為基礎，增加了電子裝置（ECU，電磁油壓作動器、引擎溫度感知器、含氧感知器、爆震感知器等）來增進計量壓力，可作啟動增濃、暖車增濃、加速增濃、全負荷增濃、減速斷油、超過轉速時斷油，使得噴射系統控制可更精準、反應迅速，進而提高引擎的操作性能、減少排氣汙染。同

年，電子控制噴射式系統也發表了 LH-jetronic 熱線式空氣流量計，它比 L-jetronic 的翼板式反應速度快、進氣阻力小，爾後就逐漸取代了翼板式空氣流量計。

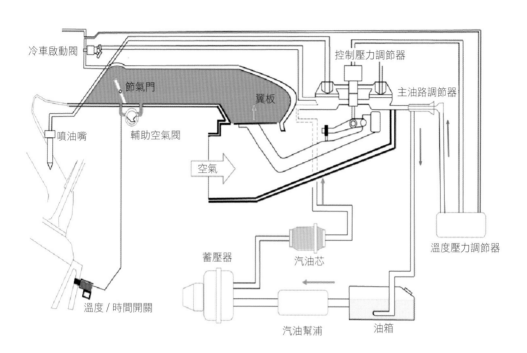

圖 4-6-1　K-jetronic 汽油噴射系統

機械噴射系統（二）原理(1)

　　機械噴射系統中，以 K 型噴射為例，K 型噴射的控制電路中，會依照引擎不同情況的狀態運作來做介紹；所以，依照引擎的情況，可將控制電路分為：引擎冷車啟動電路、引擎熱車啟動電路、引擎正常運作電路、引擎熄火停止電路。

▶ 引擎冷車啟動電路

Step 1　當鑰匙開啟時，切到點火開關中 IG 的位置，此時電流從電池經過點火開關流至主繼電器 A 的 85 號接腳，形成通路，使主繼電器內的簧片因電磁相斥的力量而往上打，與 87 號接腳相連接。此時尚未有空氣流入，流量板感知器開關保持連結。一部分的電流會流至冷車啟動閥，讓冷車啟動閥提供一部分的供油。

Step 2　此時再將鑰匙切到 ST 啟動開關發動引擎，電流便從電池經由 ST 開關流至啟動馬達，啟動馬達發動，帶動引擎曲軸旋轉。電流再經由主繼電器 A 內的 87 號接腳流至電路開啟繼電器 B 中，而電路開啟繼電器 B 通路後便將簧片向上打，與其 87 號接腳相連接。

Step 3　電路開啟繼電器 B 中的 87 號接腳接通後，這時候電流便可從電池中流出，經過電路開啟繼電器 B 而送至燃油幫浦內，提供燃油輸出。

▶ 引擎熱車啟動電路

Step 1　將引擎熄火後再次開啟，電流同樣由電池流至點火開關 IG 再到主繼電器 A 中的 85 號接腳，最後流至空氣感知板。主繼電器 A 通路，將簧片向上打與 87 號接腳相連接。

Step 2 　將點火開關切到 ST 的位置發動引擎，電流從主繼電器 A 的 87 號接腳使
　　　　 之通路將簧片向上打。並且使電路開啟繼電器 B 作用將簧片往上打，接
　　　　 通 30 號到 87 號接腳。

Step 3 　電流便從電路開啟繼電器 B 中流入，使燃油幫浦作用。

註：因為是熱車啟動，這時「熱時間開關」「輔助空氣裝置」「溫熱調節器」中的熱
　　偶簧片因為之前引擎發動的熱而變形斷開，故電流不會流過。

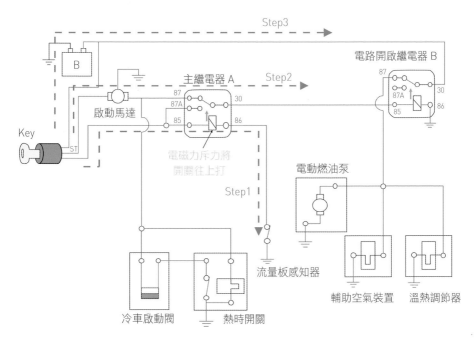

圖 4-7-1 　引擎冷車啟動電路圖

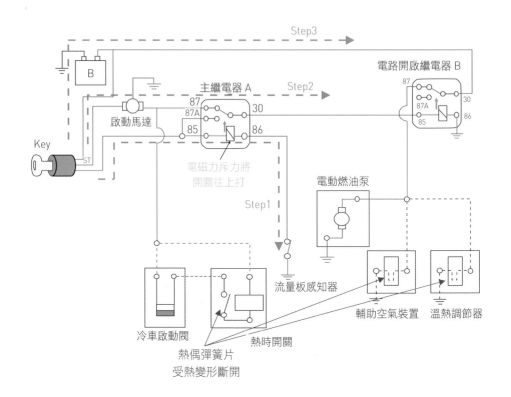

圖 4-7-2　引擎熱車啟動電路圖

4-8 機械噴射系統（三）原理(2)

▶ 引擎正常運作電路

Step 1　引擎啟動之後，鑰匙彈回點火開關 IG，因為引擎正在運轉，因此有空氣流入，流量板感知器因空氣流入衝開形成斷路，主繼電器 A 不作用，使內部簧片回復向下的狀態，所以電流改由 87A 號接腳流入續開啟電流開啟繼電器 B。

Step 2　電流一樣經由電路開啟繼電器 B 流至燃油幫浦中。因為此時引擎已達正常工作溫度，故熱時開關、輔助空氣裝置、溫熱調節器內部的簧片都因受熱變形而斷開，形成斷路。

▶ 引擎熄火停止電路

Step 1　電火開關切到 IG 的位置，電流使主繼電器 A 通路，因此簧片向上打，但此時開關不切到 ST 的位置，所以電路開啟繼電器 B 不會通路。

Step 2　因為電路開啟繼電器 B 斷路，所以簧片回復向下的狀態與 87A 號接腳相連接，燃油幫浦斷路，停止供油。

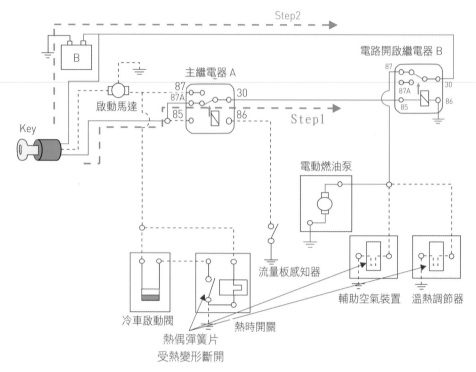

圖 4-8-1　引擎正常運作電路圖

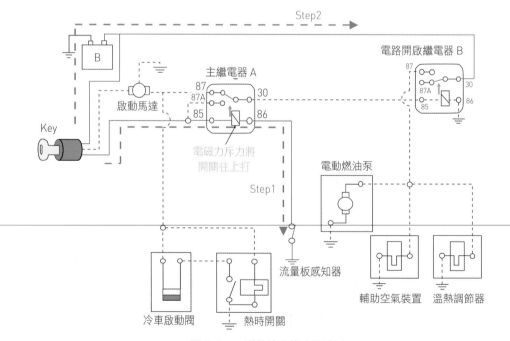

圖 4-8-2　引擎熄火停止電路圖

4-9 電腦噴射系統（一）歷史

1967 年發表了 D-jetronic 系統，應用在不少車款上。D-jetronic（壓力計量式電子噴射系統）是以進氣岐管壓力及引擎轉速作為噴油量的依據。使用電子式噴射系統較能精確掌握感測器的數據，精準控制噴油量，使引擎能有更好的輸出。

1974 年電子控制噴射式系統發表了 L-jetronic 型式，「L」為德文中「空氣」之意，測量感知器，產生不同的電壓訊號，再將此訊號送至電腦，作為控制噴射量的依據，基本噴油量的控制是由引擎轉速及空氣流量訊號決定。電腦接收各種感知器訊號後，控制電流通到噴射器時，噴射器即噴油，通電時間即為噴射時間，屬於間歇噴射式。

1982 年發表了 LH-jetronic 型式，LH 型的基本工作原理和 L 型一樣，但 LH 型在空氣流量計上從翼板式改為熱線式空氣流量感知器，它由 L 型的計量空氣體積轉變為 LH 型的計量空氣質量。LH 型靠不同的空氣流量通過熱線，使熱線的溫度改變，而改變流過熱線上的電流量，這電流量會被轉換為電壓訊號送入電腦，以作為吸入空氣量多寡的判定。LH 型之優點：測量精確、反應快速、結構簡單、無機械性磨損、不受空氣溫度影響並改善了 L 型之缺點。LH 型之缺點：熱線較單薄、易受損，故有作動原理相同的熱膜式改良型出現。

1977 年電子控制噴射式系統又發表了 Motronic 型式，引擎管理的概念被正式使用到車用電腦上，利用各式感知器偵測引擎、底盤行駛狀況及車輛外溫度氣壓條件，再由車用電腦作分析、比對及統整，作出最佳的噴油量與點火時間，使引擎更高輸出。Motronic 的發展取代了其他的電子噴射系統，是現代電腦噴射系統的原型。

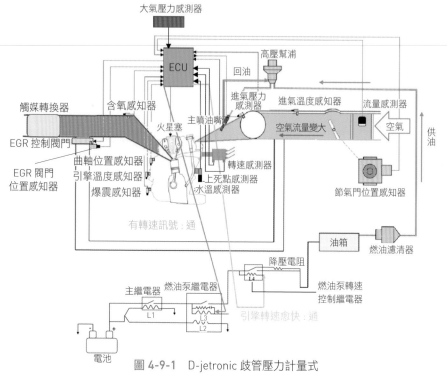

圖 4-9-1　D-jetronic 歧管壓力計量式

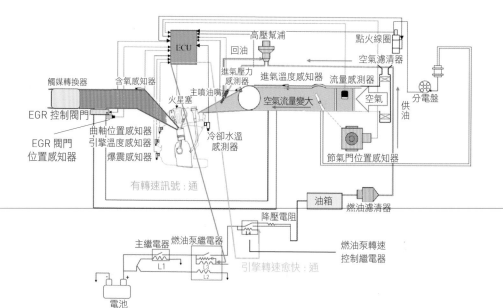

圖 4-9-2　L-jetronic 空氣流量計量式

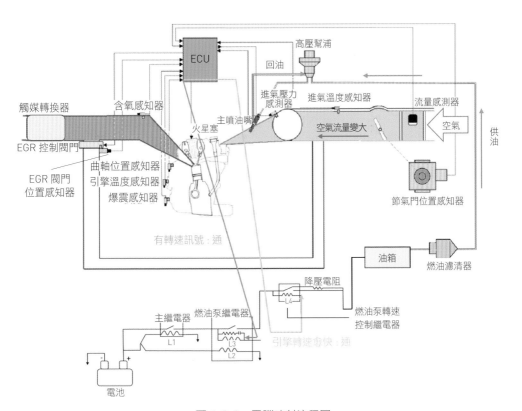

圖 4-9-3　電腦噴射流程圖

電腦噴射（Motronic）系統是將「點火」「噴油」兩系統合併，由電腦來控制，電腦內部已經儲存了引擎在各種運轉狀況下的噴射量及在各轉速、負荷、節氣門位置與噴射量為基礎的最佳點火時期。為了要使電腦更能精準掌控車子行駛中的狀態，與 L-jetronic 相比之下增加了不少感知器，其中比較重要的有凸輪位置感知器、爆震感知器、速度感知器、溫度感知器。車輛行駛中，各感知器會將所偵測到的訊號送回電腦中，與電腦內已經儲存的噴射量與點火時期模式相比對，處理後，控制引擎再去點火與噴油，因為擁有更多感知器所提供的訊息，所以相較於前面的幾代噴射系統，電腦噴射 Motronic 的控制系統更能掌握最佳噴油量與最佳的點火時機。

Motronic 系統的工作流程可分為：油路、空氣、控制電路。

▶ 油路

油路中不若以往結構，沒有回油油路的管線。燃油泵將油抽出送往高壓幫浦內儲存，按 ECU 所給定的訊號來噴油。

▶ 空氣

空氣由進氣歧管送入，採用熱線式空氣流量感知器，測量的精準度更勝 L-jetronic 的翼板式空氣流量計。

▶ 控制電路

控制電路中，開關 L3 的轉速訊號在 L-jetronic 時

是採用分電盤的轉速訊號，但是 Motronic 中取消了分電盤的設計，所以改用凸輪轉速的訊號來控制 L3 的開與關。控制電路多了燃油泵的轉速繼電器，此舉是為了做更節油的設計。

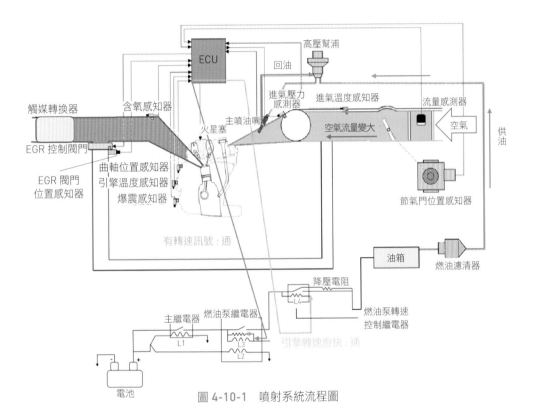

圖 4-10-1　噴射系統流程圖

CHAPTER 05

點火系統

點火系統

▶ 點火系統簡介

　　點火系統是汽車引擎發動不可或缺的一個重要環節，一般的引擎必須依賴高壓電火花來點燃混合氣，使引擎能運轉，所以除了柴油引擎外，其他的引擎都必須有一個點火系統來輔助將混合氣點燃。

▶ 點火系統的流程

　　點火系統是以數千伏特以上之高壓電跳過火星塞支電擊間隙產生火花，將汽缸中被壓縮後的混合氣引燃，形成一個火焰核，再迅速地擴大，並擴散至整個燃燒室以產生快速的燃燒，使氣體迅速膨脹，推動活塞產生動力。

　　一般來說，點火系統由電瓶供電，經過發火線圈提高電壓後，由分電盤送至不同汽缸的火星塞進行點火。不同種類的點火系統在發火線圈與分電盤上有不同的形式。

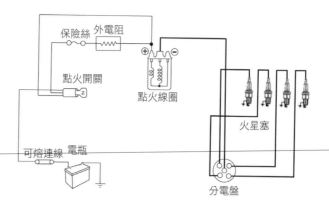

圖 5-1-1　普通電瓶點火系統簡圖

▶ 機械時期的點火系統

引擎最早的點火裝置為 1893 年德國人羅伯特 · 博世（Bosch 公司創辦人，以工程和電子為首要業務的跨國公司）發明的磁電機系統，利用發電機原理產生高壓電，且有不需要電源及引擎轉速愈快火花愈強的優點，但是磁電機發動引擎時的火花微弱，啟動困難，現代汽車多已不採用。

圖 5-2-1　羅伯特 · 博世（Robert Bosch）（圖片取自：zh.wikipedia.org）

1908 年，美國人查爾斯 · 卡特林（Charles Ketting）發明電瓶點火系統，使用點火線圈之電磁感應產生高壓電。因為性能可靠，引擎容易啟動，因此之後約 60 年的汽車都使用此種點火裝置。

1910 年，白金點火系統發明，優點在於不論高速或低速都可產生高電壓，使啟動性能與高速運轉同樣優越，也漸漸取代此前的線圈或磁電機點火系統，廣泛地應用於汽車工業。

圖 5-2-2　查爾斯 · 卡特林（Charles Ketting）（圖片取自：pt.wikipedia.org）

▶ 電子時期的點火系統

　　1950 年代由於電晶體的發明,是電子點火系統的萌芽時期。在 1960 年代,由於美國政府公布了更嚴格的油耗與排氣標準,加速了電子點火系統的發展;在 1970 年代,許多小型引擎裝置用電容放電式點火系統來取代使用已久的白金接點式點火系統。

▶ 電腦時期的點火系統

　　第一代的車用電腦在 1970～1980 年代之間,負責噴油控制與點火的方式。電腦點火系統可根據引擎轉速、負荷、溫度等不同變化需要,更精準地計算出每次點火的最佳時機,如此可使排氣淨化和增加燃油經濟性。電腦點火的優點是在高轉速的環境之下,電腦控制更加精準而且穩定,讓引擎能往高轉速發展。

圖 5-2-3　點火系統的發展

5-3 點火系統（二）分類

▶ 磁電機點火

不使用電瓶，引擎旋轉在線圈裡的一塊磁鐵，每旋轉一圈時，凸輪一次或多次地開啟接觸斷路器，中斷在原線圈中產生電磁場的電流。當磁場消失後，電壓在原線圈上產生。當這些觸點打開的時候，電壓將橫跨原線圈上的觸點間距，形成電弧並產生火花。

▶ 傳統白金接點

利用白金接點來控制點火線圈之電能，在白金接點閉合時，點火線圈充磁，白金接點跳開瞬間，因磁能消失產生高壓電，使火星塞跳火。

▶ 半晶體點火

傳統白金接點因通過的電流很大，容易燒壞，影響引擎性能。將電晶體加入低壓電路中，降低白金接點通過電流，保護白金接點，使點火系統之性能大為提高。

▶ 全晶體點火

以信號產生器、電晶體電路為主，高壓電路與一般點火系統相同。

▶ 電腦控制點火

可根據引擎轉速、負荷、溫度、車速等不同變化，精確地計算出每次點火的最佳時機。同時點火與獨立點火的差別為一次 1 個或 2 個汽缸跳火。

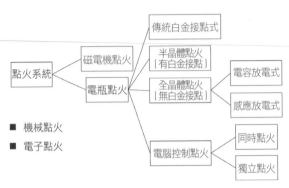

圖 5-3-1　點火系統的分類

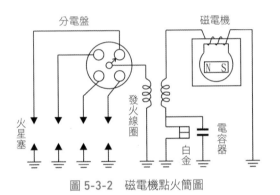

圖 5-3-2　磁電機點火簡圖

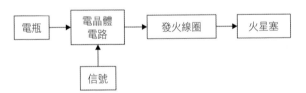

圖 5-3-3　電子點火系統控制流程圖

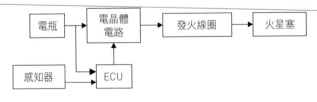

圖 5-3-4　微電腦處理感知器訊號流程圖

5-4 白金接點式點火（二）原理與工作流程

▶ 白金接點式點火的組成

（1）**電源**：電瓶、點火開關。

（2）**高壓電產生器**：點火線圈。

（3）**點火控制器**：分電盤中斷電白金接點或其他斷電開關。

（4）**點火分配器**：分電盤中的分火頭，根據點火順序將電送至對應的火星塞。

（5）**放電器**：即火星塞，使高壓電跳過電擊間隙以產生火花。

▶ 白金接點式點火的運作

（1）**白金接點閉合時**：

A. 低壓線圈的作用：當點火開關「ON」且白金接點閉合時，電瓶電流流經點火線圈之低壓線圈而至白金接點接地，此時低壓線圈產生充磁作用，而產生自感應電壓約為電瓶電壓 12V，電容器不作用。

B. 高壓線圈的作用：因低壓線圈的自感應電壓產生，此時高壓線圈也會有感應電壓產生。若依理想的變壓器來計算，兩線圈匝數比為 100：1 時，高壓線圈則產生感應電壓約為 12×100=1200V，但仍不足以使火星塞點火。

（2）**白金接點從閉合至張開時**：

A. 低壓線圈的作用：白金接點張開的瞬間，這時低壓線圈會崩磁產生出自感應電壓（約 200～400V），此時高壓線圈因磁通量的變化也產生感應電壓。

B. 高壓線圈的作用：白金接點張開的瞬間，低壓線圈會產生自感應電壓，此時高壓線圈也會有感應電壓的產生。若依理想變壓器來計算，兩線圈匝數比為 100：1

時，高壓線圈則產生感應電壓（200～400V）×100＝20000～40000V的高電壓，這時此電壓就足以跳過火星塞的間隙而產生火花點火。

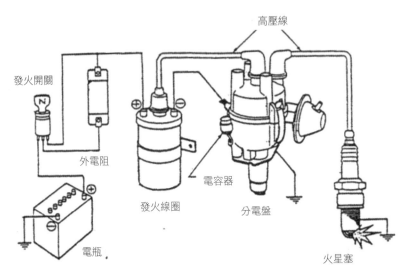

圖 5-4-1　電瓶點火系統的基本組成

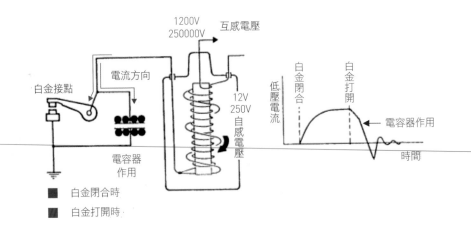

圖 5-4-2　白金接點式點火工作流程

白金接點式點火（二）重要元件

▶ 點火線圈（Ignition coil）

又稱發火線圈，如同一變壓器，12V 的電壓轉變為足以跳過火星塞間隙的 25000V 的高電壓。點火線圈外表有兩個低壓線頭（標有＋、－接線符號），及一個高壓線頭。點火線圈內部有一低壓線圈（Primary circuit windings）又稱初級線圈，以及一組高壓線圈（Secondary circuit windings）又稱次級線圈。低壓線圈的匝數較少，大約為 200～300 圈，其兩端分接於兩個低壓線頭上。高壓線圈匝數約為 20000～30000 圈，與低壓線圈相差約 100 倍，其一端接於低壓線圈之一頭，另一端於高壓線頭上連結分火頭。

▶ 分電盤

在點火分配器中，分電盤的功用非常多。首先，分電盤會作為點火作用中接通或切斷低壓電路的開關。分電盤轉動時，連帶凸輪也會使白金接點頂開或閉合，進而影響其通電。其二，分電盤會把高壓電依點火順序分送至各缸火星塞，使得汽缸內的火星塞依序點火，讓引擎展開運作。

▶ 白金接點

包含白金臂（活動部分）及白金座（固定部分），內部在白金底座上有偏心的調整螺絲，可用以調整白金間隙。在適當時間切斷低壓電路，以提供適當點火。而點火作用的過程可以分為兩個部分，一是凸輪未把白金接點頂開時，另一是凸輪把白金接點頂開時。

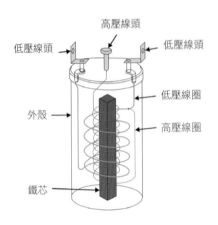

圖 5-5-1　點火線圈

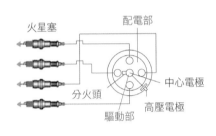

圖 5-5-2　分電盤

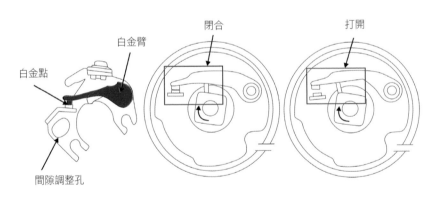

圖 5-5-3　白金接點

5-6

電晶體的基本介紹

▶ 什麼是電晶體？

電晶體（Transistor）是一種固體半導體器件，至少有 3 個端子（稱為極）可以連接外界電路。分別由 N 型跟 P 型組成射極（Emitter）、基極（Base）和集極（Collector），在雙極性電晶體中，射極到基極的很小的電流，會使射極到集極之間產生大電流。

▶ 基本原理

順向接面會有擴散電流，空乏區小；而逆向接面會有漂移電流，空乏區大。空乏區內只有游離的雜質離子；載子進入不久後會游離，在補充游離載子同時，另一端已經游離載子則會離開空乏區，以保持空乏區為電中性。Ie 電流大部分流過 Ic，少部分由 Ib 流出。

▶ 電晶體的應用

在類比電路中，電晶體用於放大器、音頻放大器、射頻放大器、穩壓電路；在計算機電源中，主要用於開關電源。電晶體也可以應用於數位電路，主要功能是當成電子開關。例如：電晶體在汽車上的應用就是當作電壓放大器，因為有些汽車系統感測器所產生的輸出訊號是很微弱的，這些微弱的訊號會藉由提高電壓而被放大，使得他們更容易被車輛系統讀取。例如一個讀取車輛排氣中的氧或來自電子馬達扭矩的量的感測器，可能需要一個電壓放大器，以獲得足夠的電壓來測量接收的信號。

▶ 達靈頓對（Darlington Pair）

由兩個（甚至多個）電晶體組成的複合結構，透過這

樣的結構，經第一個電晶體放大的電流可以再進一步被放大，這樣的結構可以提供比其中任意一個電晶體高得多的電流增益。因為兩個電晶體共用一個集極，可以使晶片比使用兩個分立電晶體元件占用更少的空間。

▶ 濾波電路

濾波器只讓設計者要的訊號通過，換句話説，他們「過濾」不必要的訊號。低通濾波器只會讓低頻訊號通過，而高通濾波器就會有效抑制低頻訊號。

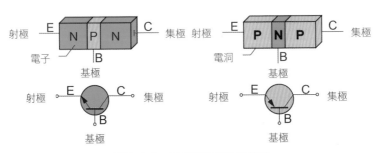

圖 5-6-1　電晶體的構造與符號

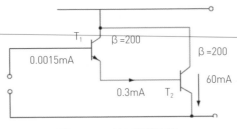

圖 5-6-2　電晶體

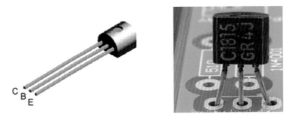

圖 5-6-3　達靈頓對電路

5-7 半晶體點火系統

▶ 與傳統式點火有什麼不同？

電子點火其結構與傳統式白金接點最大的不同是，控制點火線圈通斷路的控制線路是設計在低壓線圈之前。

▶ 電子式點火系統種類

（1）半晶體點火系統

卡特林普通接點式點火系統之白金接點流過的電流很大，就算有電容的保護，其效果仍是有限，所以白金接點常常會燒壞，而白金接點燒壞之後，點火的高壓電火花就會微弱，進而影響引擎性能。

如圖所示，為白金接點閉合時點火器之作用。點火開關 ON，白金接點閉合時，電流從電晶體 Tr1 射極、基極經白金接點再接地，使 Tr1 ON，而此時大部分的電流經 Tr1 之集極到 Tr2 之基極，使 Tr2 ON。待電流使 Tr2 通了以後，則電瓶電流便可流過 3° 路線，經過點火線圈中的低壓線圈，使之充磁。

當白金接點分開時，Tr1 的射極、基極電流中斷，則 Tr1 OFF，Tr1 OFF 時，連帶的 Tr2 也 OFF，使得點火線圈中低壓線圈的電流中斷，進而高壓線圈感應產生高壓電。

（2）全晶體點火系統

全晶體與半晶體的差異點是，在半晶體點火系統中，還有機械控制的白金接點，因機械損耗不可避免，為使保養次數降低，故全晶體點火系統使用感應裝置來取代白金接點。後面會有章節詳細介紹全晶體點火。

圖 5-7-1　點火系統的演進

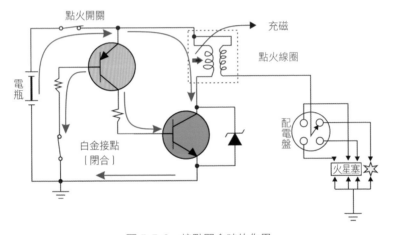

圖 5-7-2　接點閉合時的作用

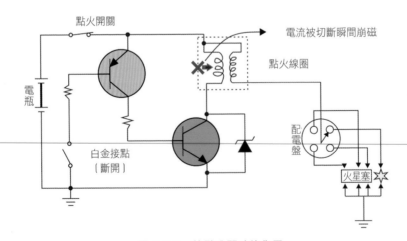

圖 5-7-3　接點分開時的作用

5-8 全晶體（一）電容放電式點火系統

結構圖如圖所示，由震盪器、變壓器、整流粒、SCR 矽控整流器及一組磁波發電機所組成。

▶ SCR 元件（點火器）的構造和原理

矽控整流器（Silicon Controlled Rectifier），簡稱 SCR，是一種 3 端點的閘流體（Thyristor）元件，用以控制流至負載的電流。SCR 的電路符號如圖所示，其中 A 極是陽極、K 是陰極、G 是閘極。閘極（G）的電壓必須比陰極（K）高，才會形成 P-N 順向導通，這時若陽極（A）的電壓大於陰極（K），就會如同二極體一般的導通。

▶ 升壓電路作用原理

其作用原理與點火線圈原理差不多。從電池出來的電壓約 12V，經過升壓電路之後約可提升至 300V 儲存在電容之中，再根據 SCR 的訊號來進行充放電。

▶ 磁波發電機

包含一固定之永久磁鐵及感應拾取線與一轉動磁阻器或稱正時鐵芯，以正時鐵芯代替凸輪，以感應接收線圈代替白金。其運作流程如下，當信號轉子旋轉時，會順著（a）（b）（c）（a）的順序來動作。其原理是利用改變信號轉子凸起部與支架及磁鐵間的空隙，使流通的磁力線數目跟著變化，因為磁力線的變化，使拾波線圈感應之電壓也隨著變化。

▶ 作用原理

（1）引擎未運轉時

點火開關「ON」，引擎未運轉，分電盤不轉動，則磁波線圈不轉動，此時 SCR 不通，直流電直接充入主要電容器內。

（2）引擎運轉時（磁波線圈正脈衝信號）

引擎運轉發動，磁波線圈觸發器首先感應產生正脈衝信號，促使 SCR 導通，則主要電容器內的電壓放電至初極線圈，因而使次極線圈感應產生高電壓，火星塞跳火。

（3）引擎運轉時（磁波線圈負脈衝信號）

此時磁波線圈觸發器極頭離開磁鐵感應產生負脈衝信號，此時 SCR 不導通，電容器呈現充電狀態，準備進行下一次放電。

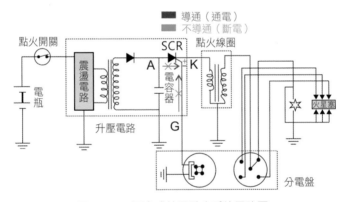

圖 5-8-1　電容式放電點火系統電路圖

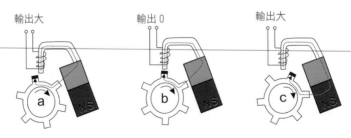

圖 5-8-2　磁波發電機運作流程

5-9 全晶體（二）感應放電式點火系統

透過信號產生器產生信號，以切斷一次線圈電流，使二次線圈產生高壓電。

▶ 信號產生器

（1）霍爾效應元件開關

將通電流之固體導體置於磁場下，其內帶電粒子受到勞侖茲力影響朝向導體兩側集中，而這些集中起來的正負電荷彼此間會產生電場和電位差，我們稱此電壓為「霍爾電壓」，作用原理可分為 6 個步驟：

A. 霍爾效應感測器由遮蔽器控制磁場進出，根據霍爾效應會造成霍爾電壓改變，利用電壓當作信號決定點火時間。

B. 利用一磁場切斷器（有閘門及窗口之圓盤，又稱為遮蔽器）隨分電盤軸旋轉，可遮斷永久磁鐵的磁場經過霍爾感測器。

C. 遮蔽器可控制磁場通過霍爾感測器，當遮蔽物轉到磁鐵與霍爾感測器之間時，磁場被阻隔。

D. 磁場切斷器中的閘門（Shutters）圓盤隨分電盤軸旋轉，沒有遮斷永久磁鐵的磁場，霍爾感測器於一磁場內，會產生一霍爾效應電壓。

E. 當磁場切斷器中的閘門（Shutters）圓盤隨分電盤軸旋轉，而遮斷永久磁鐵的磁場經過霍爾效應感測器（Hall-effect sensor）時，則無霍爾效應電壓，故可提供信號給電腦或 ECM。

F. 磁場切斷器內閘門及窗口的數目與引擎的汽缸數相同。

（2）光檢波式

利用一發光二極體（LED，Light-Emitting Diode）及一感光之光電晶體（photodiode）以產生電壓波信號，通

常使用 2 組，可安裝於分電盤中。其原理可分為 3 個步驟：

　　A. 當 LED 之光束射向光電晶體時，可產生一光電壓；而光束切斷器（有槽之圓盤）是隨分電盤軸旋轉的可遮斷光束，其槽數與缸數相同。

　　B. 因此可提供電晶體控制組一個開或關的信號，使電晶體產生效用，進而控制發火線圈之充放磁而產生高壓電。

　　C. 信號可提供引擎速度與曲軸柄位置給電腦或 ECM，進而可控制燃料噴射、點火正時、惰速的依據。

　　D. 此式在低轉速時可提供更可靠之信號，比磁波發電機及金屬檢波器要好。

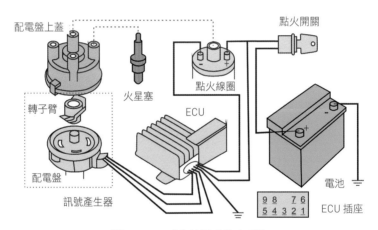

圖 5-9-1　感應放電式點火系統

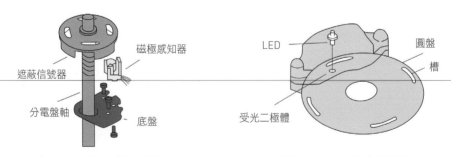

圖 5-9-2　霍爾感應器構造　　　　　圖 5-9-3　光檢波式構造

5-10 微電腦式點火系統

▶ ECU（電腦控制器）

ECU 會依據引擎進氣量及轉速決定點火提前角度，再依據節氣門位置、水溫感測器、爆震感知器等信號決定點火時間。

▶ ECU 作用原理

當引擎停止運轉時，信號產生器無電壓脈衝時，則 ECU 無法驅動電晶體（OFF）一次線圈不產生充磁，以避免發火線圈燒毀。而當引擎開始運轉時，信號產生器產生一電壓脈衝，以控制電晶體電路的流通。一旦信號產生器產生訊號後，ECU 驅動電晶體，導致低壓線圈有電流經過而產生電壓，當低壓線圈產生電壓時，則高壓線圈因變壓器原理而感應高電壓，再將高壓傳遞到分電盤使火星塞跳火。

▶ 微電腦式系統種類

（1）直接點火式系統

其運作的原理是由信號產生器產生一個電壓脈衝，且各個感知器提供引擎運作的狀況，再由電腦或 ECU 來提供電晶體電路的流通，控制低壓線圈充磁或不充磁來使高壓線圈跳火。可依照不同感知器傳回來的信號，來控制點火時間的早晚。點火的組件與同時點火不同的是一個點火線圈對應一個火星塞而構成迴路，仍是由電腦或 ECU 來控制電晶體電路，使點火線圈低壓線路導通或斷路。

（2）同時點火式系統

　　其原理也是透過信號產生器產生一電壓脈衝，且各種感知器提供引擎各種的狀況，再由電腦來控制電晶體的通路或斷路，控制低壓線圈充磁或不充磁來使高壓線圈產生跳火，並適時做點火提前。同時點火和直接點火的差異主要是一線圈可同時點燃 2 個火星塞，在同時 2 個活塞相對缸中實施，剛好輪到排氣行程的該火星塞產生的火花不具點火功能，所以做無效火花點火（Waste-Spark），而另一個在壓縮行程的火星塞則做有效火花的跳火，來點燃混合氣產生動力。

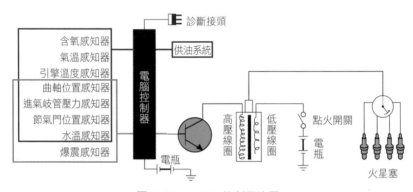

圖 5-10-1　ECU 控制電路圖

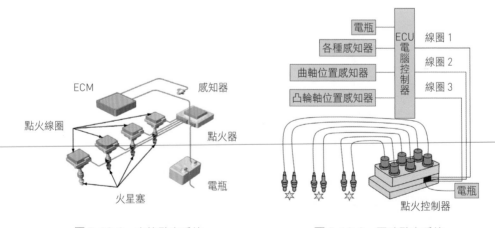

圖 5-10-2　直接點火系統　　　　　圖 5-10-3　同時點火系統

CHAPTER 06

電子引擎

電子引擎的由來

▶ 引擎的設計標準

通常在設計引擎時，主要會考慮兩點，分別為：（1）引擎燃燒時所產生的廢氣是否能達到法定排放標準、（2）引擎所產生的推力為是否達到需求。

引擎所排放的廢氣在燃燒不完全的情況下，會含有一氧化碳（CO）、碳氫化合物（HC）及氮氧化物（NOx）等有害物質。而現有的排放標準是參考歐盟六期法規訂定，於 2019 年 9 月 1 日實施，並給予 1 年的緩衝期以進行車型的調整，排放標準如下表 1 所示。車子的排量愈大功率就愈大，自然會消耗更多燃油同時放出更多的有害物質。

▶ 引擎排放系統的改良

（1）廢氣再循環的引進

燃燒後將排出氣體的一部分導入吸氣側使其再度吸氣的技術，取其每個英語單字的字首「EGR」為通稱，主要目的為降低排出氣體中的氮氧化物（NOx）與分擔部分負荷時可提高燃料消費率。

（2）含氧感知器的增加

含氧感知器裝在觸媒轉換器的前端，引擎電腦藉著含氧感知器偵測廢氣中的含氧量，來判定引擎燃燒狀況，以決定噴油量的多寡。當含氧感知器偵測到較濃的氧含量時，表示當時引擎為「稀油」燃燒，電腦會使噴油嘴的噴油量增加；當含氧感知器偵測到較稀的氧含量時，表示當時引擎為「濃油」燃燒，電腦會減少噴油嘴的噴油量。

（3）觸媒轉換器的增加

氧化觸媒等廢氣排放後的處理器元件，可有效改善

HC 和部分 PM 的排放，但無法有效改善 NOx 及 PM 中的碳成分。

歐盟六期法規	行車態測定					怠速態測定	
	CO (g/km)	THC (g/km)	NMHC (g/km)	NOx (g/km)	粒狀汙染物 (g/km)	CO（%）最高	CO（%）正常
	1.000	0.100	0.068	0.060	0.0045	0.2	0.3

表 6-1-1　民國 108 年自小客車廢氣排放標準

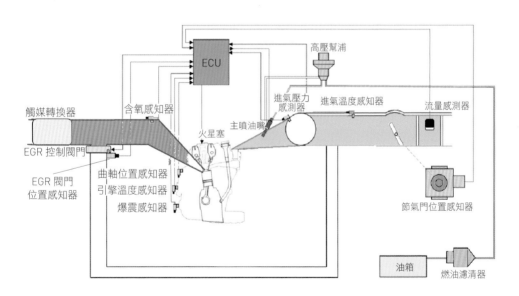

圖 6-1-1　引擎排氣系統架構圖

廢氣循環系統（EGR）

▶ 機械時期的點火系統

廢氣再循環（Exhaust Gas Recirculation，簡稱 EGR）是指在引擎排氣過程中，導入已經燃燒過的廢氣與新鮮的空氣混合進入燃燒，降低混合油氣的含氧濃度使燃燒的溫度降低，所以降低了引擎溫度。然而，汽車在怠速、加速、高轉速或是需要高負載馬力的時候，EGR 會是關閉不導入廢氣燃燒的，這麼做的方式可以達到環保排氣的效果，也可以維持引擎本身原有的馬力效能。

至於平時在行駛時會依據引擎轉速與 ECU 行車電腦各項數據，來開啟閥門導入廢氣量燃燒，一次的吸氣量最多是導入 30%。如果 EGR 率過大高於 20%，使燃燒速度太慢，燃燒變得不穩定，會讓失火率增加、碳氫化合物（HC）增加，造成動力性、經濟性下降；EGR 率過小低於 10%，氮氧化物（NOx）排放達不到法規要求，易產生爆震、發動機過熱等現象。因此 EGR 率必須根據發動機運作情況要求進行控制，通常將 EGR 率控制在 10%～ 20%的範圍。若過度則會影響正常運行。

由於是導入廢氣循環，所以當廢氣裡的積碳或油泥造成 EGR 閥關閉不良，該關閉的時候沒關起來，或是作動的真空膜片破損漏氣。當車子在怠速時，那麼怠速階段導入了廢氣燃燒就會造成車子怠速不穩，造成行駛時車子踩油門加速無力，甚至引入廢氣過多造成熄火、引擎故障燈亮起等情況。

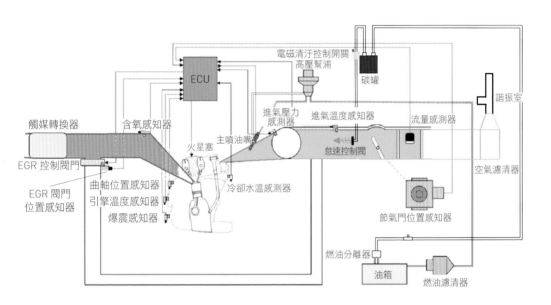

圖 6-2-1　廢氣循環示意圖

含氧感知器（一）原理

含氧感知器（Exhaust Gas Oxygen Sensor，EGO）可以用來檢測廢氣中的含氧量來向 ECM 回饋混合氣的濃度資訊。當 EGO 測得的氧氣含量多時表示空燃比太稀，引擎燃燒不完全；反之氧氣含量少，則空燃比高。

▶ 原理

氧化鋯（ZrO2）為固態電解質的一種，它有一種特性就是在高溫時氧離子易於移動。當氧離子移動時即會產生電動勢，而電動勢的大小是依氧化鋯兩側的白金所接觸到的氧而定。

▶ 位置

現代車輛上一般會裝有 2 個含氧感知器，其位置如下圖所示，分別安裝在觸媒催化劑之前和之後的排氣管上。其中，第一個 EGO 主要是測量廢氣中的含氧量以確定實際空燃比與所需的值較大還是較小，並向 ECU 回饋相應的電壓信號，而後面的 EGO 感測器則是來測量觸媒轉換器是否正常工作用，故其正常工作時回傳的電壓應為一定值，表示從觸媒轉換器通過後的氧氣含量正常。

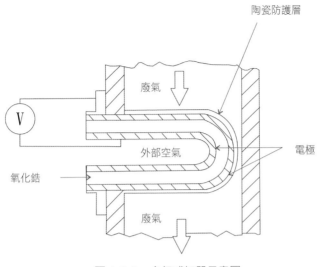

圖 6-3-1　含氧感知器示意圖

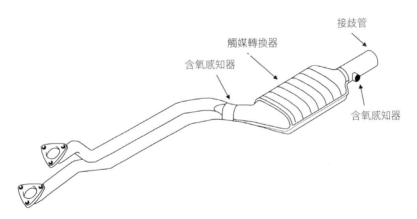

圖 6-3-2　含氧感知器位置圖

含氧感知器（二）運作模式

　　EGO 在實際運作時又可分為開迴路和閉迴路兩種工作模式。

▶ 開迴路模式

　　當 EGO 開迴路操作時，ECM 不會參考 EGO 的電壓值，而是以一個預設的值來代替，一般出現在冷車或加速時的情況，其控制方塊圖如圖 6-4-1 所示。此時的 ECM 只參考其他感測器的數值（如：轉速、引擎溫度）來設定空燃比。冷車時因為排氣溫度還尚未達到含氧感知器所能正常運作的標準而執行開迴路模式；加速時則是由於其空燃比已超過所能測得的範圍所導致。

▶ 閉迴路循環

　　在閉迴路運作時，ECM 接受 EGO 回傳的訊號後，發出所需的燃料訊號來使噴油器提供燃料產生 ECM 設定的空燃比，其方塊圖如圖 6-4-2 所示。混合氣體在汽缸燃燒後，產生的廢氣經由排氣管導出。此時，EGO 傳感器會產生一排氣含氧量當回授訊號，使 ECM 進而對噴油器進行調整而完成循環。

▶ EGO 傳感器的訊號運作

　　如圖 6-4-3 所示，代表了安裝在觸媒轉換器前面的 EGO 回傳訊號與燃油噴射量的時態情形，當 EGO 的電壓處在高位時，表示空燃比是低的，燃油噴射器的量就會開始降低，直到 EGO 的訊號變低位時才開始提高。

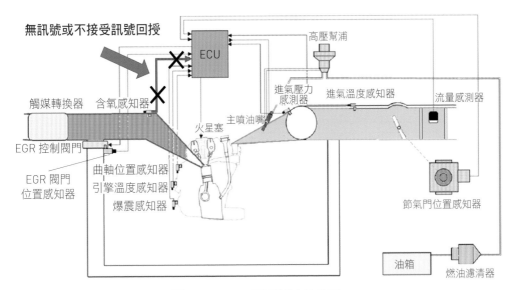

圖 6-4-1 EGO 開迴路控制方塊圖

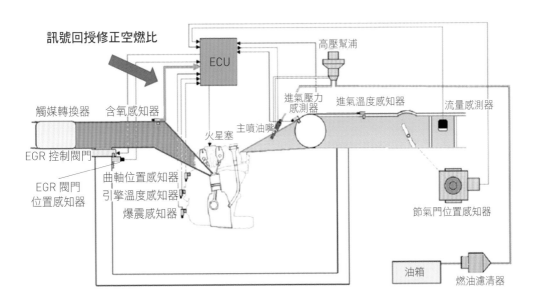

圖 6-4-2 EGO 閉迴路控制方塊圖

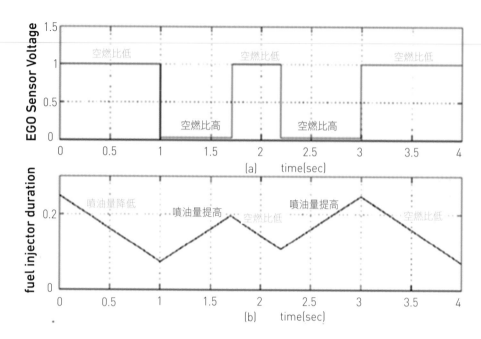

圖 6-4-3　(a)EGO 訊號關係圖、(b) 噴油時間關係圖

6-5 觸媒轉換器

觸媒轉換器可分為氧化轉換器和三元催化轉換器兩種，其主要的差別在於是否有加入還原觸媒來分別。而其結構均由一金屬外殼、絕緣材料和含有觸媒塗層的鋁擔體3部分組成，通常安裝在消音器之前。

▶ 轉換原理

其內部有極細微的孔洞並含有大量貴金屬鉑（氧化觸媒）及銠（還原觸媒），它能將三種有害的氣體（一氧化碳、乙烷及一氧化氮）藉由氧化及還原作用，轉化成無害的氣體或是一般廢氣，其化學作用如下：

$$2CO+O2 \rightarrow 2CO2$$
$$2C2\ H6+2CO \rightarrow 4CO2+6H2O$$
$$2NO+2CO \rightarrow N2+2CO2$$

▶ 觸媒轉換器的更換

一般問題是出在所使用機油含硫量太高造成，因為硫粒子無法完全燃燒，會隨廢氣進入排氣管，硫粒子會在觸媒轉化器內起化學作用並附著在觸媒金屬表面上，造成轉化效能差使行車電腦亮燈。

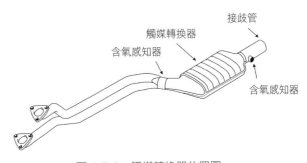

接歧管
觸媒轉換器
含氧感知器
含氧感知器

圖 6-5-1　觸媒轉換器位置圖

電子引擎的輔助元件

▶ 節氣門位置感知器（TPS）

在節氣門轉軸上一端接上 TPS，當節氣門轉動時，TPS 亦會跟著轉動。由此可改變電阻的大小值，電壓跟著改變，藉由此電壓值可反映節氣門的位置。

▶ 歧管壓力感知器（MAP）

當歧管壓力低時矽晶片被吸平直，壓感電阻器中的 R1、R2、R3、R4 電阻值相同，故 A、B 兩點的電壓值均為 2.5V，故經由放大器輸出到 ECM 的訊號為 0V。

當歧管壓力高時矽晶片彈回彎曲，壓感電阻器中的 R1、R3 電阻值升高，而 R2、R4 電阻值降低，故電橋失去平衡，最後 A、B 兩點的差值經放大器將電壓訊號傳送給 ECM，用以反推歧管壓力大小。

▶ 水溫感知器（WTS）

汽車水溫感知器安裝在發動機缸體或缸蓋的水套上，與冷卻液直接接觸，用於測量發動機的冷卻液溫度。冷卻液溫度表使用的溫度感知器是一個負溫度系數熱敏電阻（NTC），其阻值隨溫度升高而降低，有一根導線與電控單元 ECU 相接。ECU 根據這一變化測得發動機冷卻水的溫度，作為燃油噴射和點火正時的修正號。

▶ 進氣溫度感知器（ATS）

和氣溫感知器一樣屬於熱敏電阻；進氣溫度感知器用來偵測車輛外界的實際溫度，並轉換成電壓的訊號，讓電腦得知外界溫度後，來修正空氣混合比。

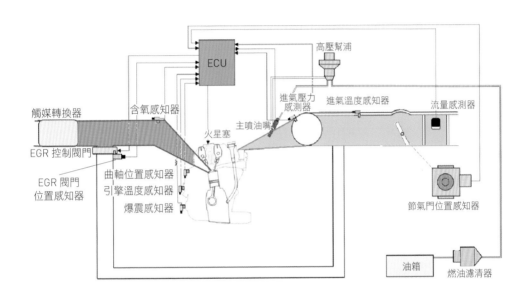

圖 6-6-1　引擎輔助元件位置示意圖

6-7 進氣系統

進氣系統由空氣濾清器、PCV 閥、進氣歧管等組成。發動時，駕駛員透過油門操縱節氣門的開啟角度，以此來改變進氣量，控制引擎的運轉。冷車發動或怠速運轉時，部分空氣經 PCV 閥或輔助空氣閥繞過節氣門進入汽缸。

進氣系統是為了過濾空氣中的雜質，避免太混濁的空氣進入而傷害引擎，進入汽缸內，與油氣混合後形成一定比例的混合氣燃燒，產生的動能比較有爆發力。過程中不只過濾空氣雜質，還要隔熱來控制空氣的溫度，進氣口會朝向車頭方向來避開高溫氣體的吸入而避免產生爆震，當車子走走停停時，進氣溫度很容易升高，油水溫度也容易升高，一旦超過 70℃，含氧量下降的空氣會減少燃燒效力，引擎就更耗油、無力，所以進氣管路要求非常高。

▶ 空氣濾淨器（Air Filter）

空氣濾淨器顧名思義就是用來過濾空氣的元件，其內具有層層的多孔結構，能將外部空氣中的雜質去除後供引擎燃燒使用。另外，由於工作過程中會因震動而產生噪音，通常會加裝消音器使用。

▶ 吹漏氣（Blow-by）

燃燒室中的油氣經活塞旁的間隙洩漏至曲軸箱，稱為吹漏氣。

▶ PCV 閥（Positive Crankcase Ventilation Valve）

在引擎負荷過大時，部分吹漏氣與進氣系統的空氣混合後，再經由 PCV 閥進入歧管後給燃燒室使用，無空氣汙染的問題，現為各車皆須採用。

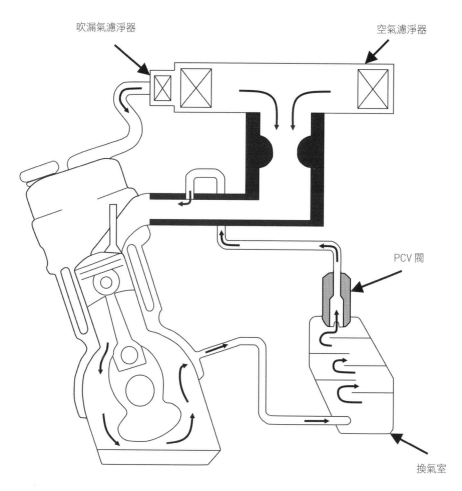

吹漏氣濾淨器

空氣濾淨器

PCV 閥

換氣室

圖 6-7-1　進氣系統

渦輪增壓的種類

▶ 機械增壓系統

這個裝置安裝在引擎上並由皮帶與引擎曲軸相連接，從引擎輸出軸獲得動力來驅動渦輪的轉子旋轉，從而將空氣增壓吹到進氣岐管裡。

其優點是渦輪轉速和引擎相同，故沒有滯後現象，動力輸出非常流暢，但是由於裝在引擎轉動軸裡面，因此還是消耗了部分動力，增壓出來的效果並不高。

▶ 廢氣渦輪增壓系統

渦輪與引擎無任何機械聯繫，實際上是一種空氣壓縮機，通過壓縮空氣來增加進氣量。其利用引擎排出的廢氣來推動渦輪室內的渦輪，渦輪又帶動同軸的壓縮機，壓縮機將空氣增壓後送進汽缸。當引擎轉速愈快，廢氣排出速度與渦輪轉速也同步增快，壓縮機就壓縮更多空氣進入汽缸，空氣的壓力和密度增大可以燃燒更多燃料，相對增加燃料量就可以增加引擎的輸出功率。

▶ 氣波增壓系統

利用高壓廢氣的脈衝氣波迫使空氣壓縮。這種系統增壓性能好、加速性好，但是整個裝置比較笨重，不太適合安裝在體積較小的轎車裡面。

▶ 複合增壓系統

即廢氣渦輪增壓和機械增壓並用，這種裝置多採用在大功率柴油引擎上，其引擎輸出功率大、燃油消耗率低、雜訊小，只是結構太複雜，技術含量高，維修保養不容易，因此很難普及。

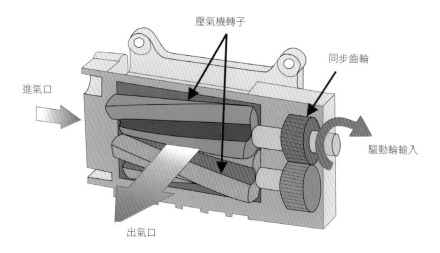

圖 6-8-1　機械增壓系統

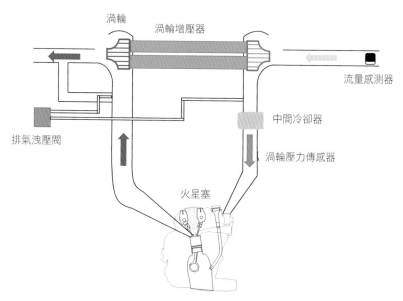

圖 6-8-2　廢氣渦輪增壓系統

CHAPTER 07

- - - - - - - -

電腦

車用電腦的歷史

▶ 早期發展背景

第一代的車用電腦使用在 1970 ～ 1980 年之間的 D-jetronic 及 L-jetronic 電子噴射系統上，在引擎系統尚未使用電腦控制時，引擎的油氣混合方式以化油器及機械式噴射為主，使用電腦控制的優點就是在高轉速的環境下，電腦控制會比機械式控制來得精準且穩定，讓引擎能往高轉速發展。車用電腦可以分為感測器、ECU 及作動元件共 3 個部分，感測器的作用如空氣流量感知器就是接收當下的空氣流量，以類比訊號的方式交給 ECU 來控制噴油量以到達最佳的空燃比；作動元件是接收並執行來自 ECU 的訊號，如噴油嘴。

▶ 近代發展背景

第二代的車用電腦使用在 1980 ～ 2000，為早期的 Motronic 系統，如 1984 ～ 1989 的 Porsche 930 所使用的 DME 引擎管理系統。由於感測器及積體電路的發展，讓車用電腦從控制噴油的角色，變成管理引擎的角色。引擎的管理除了噴油控制外，還有點火控制及燃油泵繼電器的控制。除了管理引擎的工作之外，也利用感測器及電子輔助系統來提供更好的駕馭環境。另外，車用診斷系統（OBD-II）的加入，也提高了維修與保養的便捷性。相對於第一代的電腦，加入了更多的感測器來幫助判斷點火的時機，以及精準地控制噴油量（取消了冷車啟動閥），而燃油泵繼電器的開關也會由電腦來控制閉合。

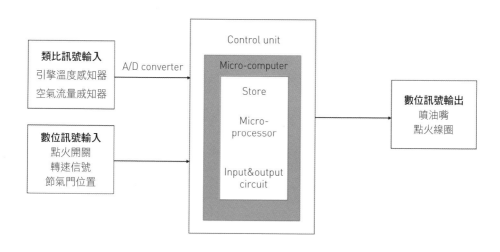

圖 7-1-1　第一代電腦架構圖

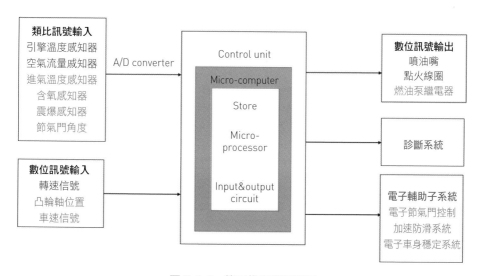

圖 7-1-2　第二代電腦架構圖

▶ Robert Bosch

Robert Bosch 於 1886 年創立，總部設於德國斯圖加特，與 Benz 來自同一個地方。Bosch 最早是生產小型發電機起家，這也是 Bosch 品牌標誌以電樞為意念的原因。Bosch 在 2019 年全球汽車供應商排名第一，其服務的車子包括 Mercedes-Benz、BMW、Audi 及 volkswagen。

▶ Denso

Denso 於 1949 年成立，總部位於日本愛知縣，是日本第一的汽車零件供應商，除了是 TOYOTA 與 Lexus 品牌的主要供應商，與 Jaguar 和 Cadillac 也有合作關係。TOYOTA 與 Denso 在 2020 年 4 月合力生產自駕車晶片，強化本身自駕車發展能力。

▶ Siemens VDO

Siemens VDO 為全球第 11 大汽車零配件製造商，主要生產汽車電子裝置、電氣系統、機械電子裝置供應商。2012 年，Volvo 與西門子簽署電動車開發合作協議，雙方合作重點為開發電動車驅動技術、電力電子及電池技術。此外，西門子已與 BMW 及雷諾（Renault）兩家汽車大廠進行電動車充電設備的策略合作。

▶ 英飛凌（Infineon）

為 2018 年全球車用半導體廠商市占排名第二，為汽車工業提供感測器、功率半導體和安全控制器，在 2019 年自動駕駛與電動車是英飛凌主要著力點，而在車用半導體方面，英飛凌的產品一直聚焦在感測器與微處理器兩大

方面。英飛凌也與福斯汽車在 2019 年成為合作夥伴，擴展電動車半導體市場。

圖 7-2-1 各國車用電子供應商 Logo

訊號種類

所謂的訊號並不僅是我們手機或無線網路等,其實我們日常的所見、所聽、所聞都是訊號。眼睛看的是接收了光的波長給我們的訊號;耳朵是接收了震動帶給我們的訊號;而香味則是化學物質刺激我們的鼻子後送給大腦的訊號。然而,如此多樣的訊號被我們分成兩部分:一個是數位訊號,另一個是類比訊號。

▶ 數位訊號 (Digital Signal)

數位訊號是離散時間訊號 (Discrete-time signal) 意即訊號彼此會有一定的時間間隔不連續,是電腦可以讀取與記憶的訊號型式。如:曲軸位置感知器、凸輪位置感知器所發的訊號為數位訊號。

▶ 類比訊號 (Analog Signal)

類比訊號是一組隨時間改變的資料,如某地方的溫度變化、汽車在行駛過程中的速度或電路中某節點的電壓振幅等。有些類比訊號可以用數學函數來表示,其中,時間是自變數,而訊號本身則作為應變數。

▶ 類比數位轉換

類比數位轉換是將類比系統產生的類比訊號,透過轉換器轉換成數位訊號,以供數位式系統 (如電腦) 做進一步資料處理或控制使用。透過電腦處理後,這些數據為了能適用在各種不同的硬體裝置上,再透過轉換器轉換成類比訊號。數位訊號利用 0 和 1 這兩種訊號的組合,代表一連串的訊號。而類比系統侷限性大,因此類比系統針對不同的設備、其輸入訊號的不同而使用不同

性質的類比系統。而類比系統與數位系統訊息的轉換，均需靠轉換器才能使訊息互轉。

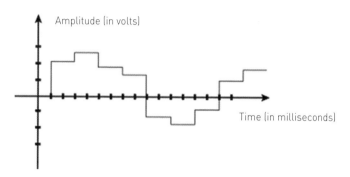

圖 7-3-1　數位訊號

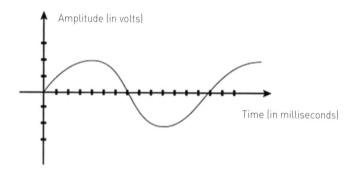

圖 7-3-2　類比訊號

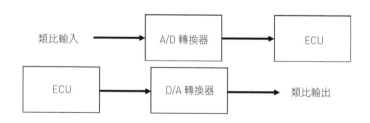

圖 7-3-3　類比數位轉換示意圖

ECU 在汽車的電腦控制系統中扮演相當於人類大腦的角色；不間斷地接收各感知器的訊號，並與永久記憶體（ROM）內的資料進行比對，進而對各元件做出相應的指令。主要由輸入迴路、Ａ／Ｄ轉換器、微處理器和輸出迴路組成。

▶ 輸入迴路信號分為：數位訊號、類比訊號

數位訊號可以被微處理器直接識別，輸入迴路的作用就是對其進濾波後轉換成 0 ～ 5V 的方波狀數位訊號（如霍爾式和光電式傳感器、卡門式空氣流量計）。

模擬信號不能被微處理器直接處理，輸入迴路的作用就是將信號波形的雜波過濾，並輸入到Ａ／Ｄ轉換器將模擬信號轉換成數位訊號（如冷卻液溫度傳感器、電位計試節氣門溫度傳感器、熱線式空氣流量計）。

▶ Ａ／Ｄ轉換器

由於電腦一般只能讀取數位訊號，所以類比訊號在傳輸時必須先經Ａ／Ｄ轉換器將訊號轉成數位訊號。首先要對欲轉換的資料進行取樣與保存（Sampling and Holding），然後，再將擷取到的資料加以量化（Quantization），如此就完成資料的轉換。

▶ 微處理器

（1）中央處理器 CPU：是整個控制系統的核心，所有數據都要在 CPU 內進行運算，主要由運算器、寄存器、控制器組成。當接收到個傳感器信號後，CPU 根據達到預先設計的要求進行算術運算及邏輯運算，並控制

燃油噴射、點火、怠速及排放等系統。

　　（2）**存儲器：**作用是存儲信息。一般分為隨機存儲器（RAM）、只讀存儲器（ROM）。

　　RAM：存儲計算機操作時的可變數據，如用來存儲計算機的輸入、輸出數據和計算機的中間數據等。

　　ROM：用來存儲固定數據，即存放各種永久性的程序和數據，如噴油特性脈譜、點火控制特性脈譜等。這些資料一般都是在製造時一次存入的，新的數據不能存入，電源切斷時 ROM 中的訊息不會消失。

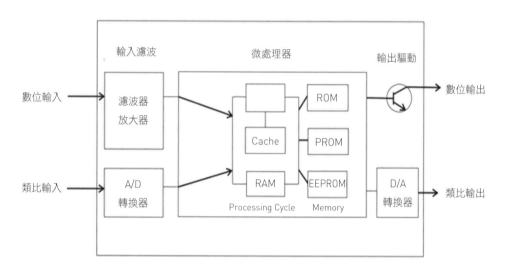

圖 7-4-1　ECU 接收訊號流程

7-5 ECU與感測器

汽車感測器是汽車電腦系統的輸入裝置,它把汽車運行中各種工況訊息如車速、各種介質的溫度、發動機運轉情況等,轉化成數位或類比訊號輸給電腦,以便發動機處於最佳工作狀態。車用感測器很多,判斷感測器出現的故障時,不應單考慮感測器本身,而應考慮出現故障的整個電路。除了檢查感測器之外,還要檢查線束、插接件以及感測器與電控單元之間的相關電路。

位置感測器多安裝在曲軸皮帶輪及凸輪軸前端,節氣門感測器則是依照駕駛員踩下加速踏板,將資訊以電信號的形式傳遞給電控單元,ECU 再根據得到的其它資訊,計算出相應的最佳節氣門位置。壓力感測器是輔助設定點火、噴油和爆震偵測的重要感測器,量測進氣歧管壓力可影響點火與噴油,通常採用電容式與壓阻式壓力感測器;而汽缸內壓力須採用高壓、抗環境變化的壓電式為佳。

感測器輸出到 ECU 的電壓訊號也會隨著不同的運用原理而有所不同,現今大部分的感測器均還是以類比訊號為主,但輸出數位訊號的感測器開發將可能是未來的主流。

	感測器名稱	輸入 ECU 訊號類型
位置	磁電式曲軸位置感測器	類比訊號
	霍爾式曲軸位置感測器	數位訊號
	光電式曲軸角感測器	數位訊號
節氣門	開關式節氣門感測器	數位訊號
	可變電阻式節氣門感測器	類比訊號
	電子式節氣門	數位訊號
壓力	電容式進氣壓力感測器	類比訊號
	壓阻式壓力感測器	類比訊號
	壓電式汽缸壓力感測器	類比訊號

溫度	電阻式水溫感測器	類比訊號
	電阻式進氣溫度感測器	類比訊號
爆震	電感式爆震感測器	類比訊號
	壓電式爆震感測器	類比訊號
流量	翼片式空氣流量計	類比訊號
	卡門旋渦式空氣流量感測器	數位訊號
	熱線式空氣流量計	類比訊號
	含氧感知器	數位訊號

表 7-5-1　感測器輸入訊號比較表

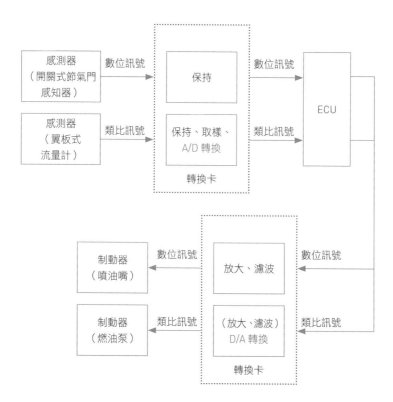

圖 7-5-1　感測器輸入於 ECU 與輸出示意

7-6

第一代車用電腦

第一代車用電腦根據引擎進氣量，計算基本供油量，並根據引擎溫度、節氣門位置進行供油量的修正。

點火方面以電晶體點火系統來替代傳統的接點點火系統，改善了傳統接點因磨損造成壽命短的缺點，而在高轉速的點火表現上，電晶體點火系統也比傳統式來得穩定。

機械式噴射引擎以 K-jetronic 為例，利用機械式的空氣流量感知板，測量進入歧管的空氣量，透過連桿帶動燃油分配器，燃油分配器最後將燃油傳遞至噴油嘴，進行連續噴射。而第一代的電腦引擎為電子噴射系統，利用翼板式空氣流量計，測量流入的空氣量，以電壓值透過電路傳回 ECU，再由 ECM（引擎控制模組）計算噴油量並以脈波訊號傳至噴油嘴，控制噴油時間以調整空燃比。

所以第一代電腦噴射引擎以電子電路系統，取代了機械式引擎燃油分配器的功能，這樣的改變除了提升噴油量的精準度外，也使得系統的反應速度提高。

▶ 實例

Bosch 公司的 D-jetronic 及 L-jetronic 這兩種電子噴射系統，都使用了第一代的車用電腦來計算噴油的時間，給予噴油嘴脈波訊號進行噴油，並且透過電腦中的晶體電路讓點火系統在高速時有較好的表現。

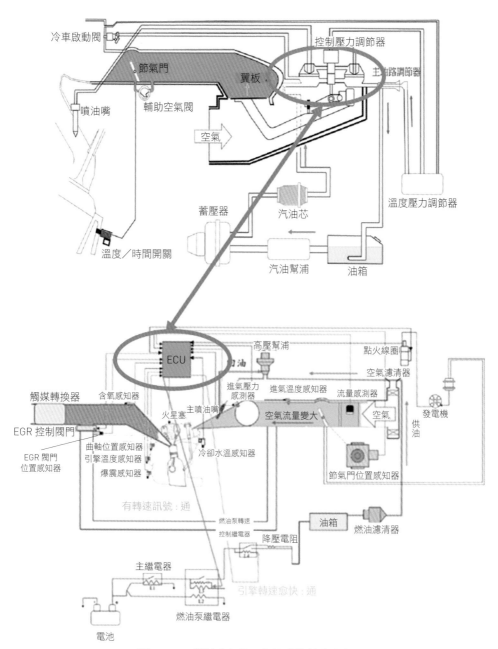

冷車啟動閥

控制壓力調節器

節氣門

翼板

主油路調節器

噴油嘴

輔助空氣閥

空氣

溫度壓力調節器

蓄壓器

汽油芯

溫度／時間開關

汽油幫浦

油箱

ECU

高壓幫浦

點火線圈

空氣濾清器

觸媒轉換器

含氧感知器

進氣壓力感測器

進氣溫度感知器

流量感測器

EGR 控制閥門

火星塞

主噴油嘴

空氣流量變大

空氣

發電機

供油

曲軸位置感知器

冷卻水溫感知器

EGR 閥門位置感知器

引擎溫度感知器

爆震感知器

節氣門位置感知器

有轉速訊號：通

燃油泵轉速控制繼電器

油箱

燃油濾清器

降壓電阻

主繼電器

引擎轉速愈快：通

電池

燃油泵繼電器

圖 7-6-1　機械式與第一代電腦控制噴油的差異

7-7

第二代車用電腦

　　第二代電腦在噴油部分取消了冷車啟動閥，冷車啟動機制變成當引擎溫度低於正常工作溫度時，由電腦控制的主噴油嘴噴油量會增加。點火系統則由電腦控制點火系統取代電晶體點火系統，電腦控制除了具有電晶體點火系統在高轉速穩定的優點之外，利用了引擎溫度、凸輪軸位置、節氣門位置、轉速訊號……等感測器，計算出最佳的點火時間。

　　從 1980 年代開始，各個汽車製造廠在生產的車輛上裝置了控制診斷系統，這些系統能在車輛發生故障時警示駕駛，並且可以讓技工在維修時能讀取故障碼，加快維修速度，這些系統稱為隨車診斷系統（OBD）。

　　車用電腦隨著積體電路的發展，處理單元及 ROM 的處理速度也愈來愈快，因此，除了基本的引擎管理外，第二代車用電腦加入電子輔助子系統和更多感測器，提供更好的駕馭環境，如加速防滑系統（ASR）、電子車身穩定系統（ESP）、電子節氣門控制（ETC）等。

　　表二可以發現各家車廠約在 1990 年就以近代車用電腦（Motronic）為主流使用至今。一方面因為積體電路的製程成熟，使得車用電腦的成本下降；二則因為日漸嚴苛的環保法規，即使是發展歷史久遠的機械式噴射引擎也沒辦法減少排放的廢氣，所以電腦噴射引擎在這種環境下，開始普及於各個車款。

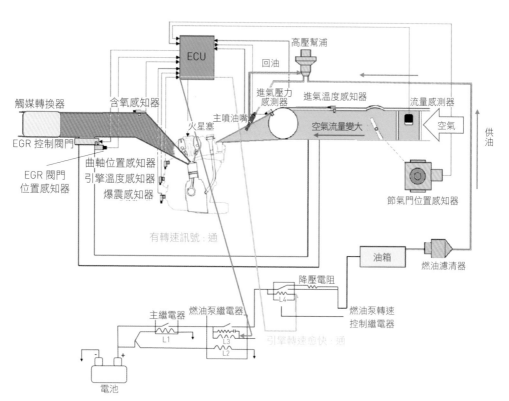

圖 7-7-1　電腦噴射流程圖

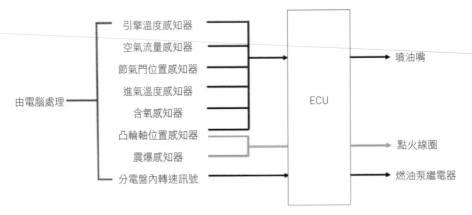

圖 7-7-2　現代電腦感知器與作動器之對應圖

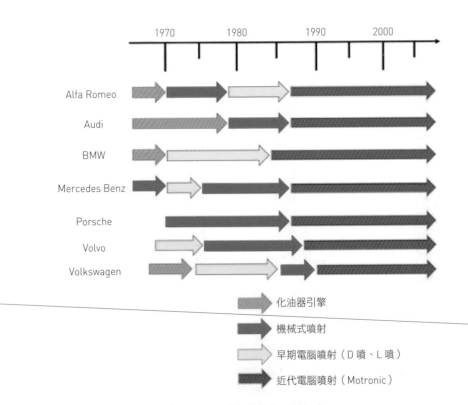

表 7-7-1　噴射引擎使用編年表

7-8 網路功能與總機系統

一般電腦控制的系統，為了能達到最佳運作效果，各元件間必須大量地流通資料，為了在短時間內達成該目的，最好的方法就是將各元件像網路一樣連接起來，再由一個總機整理並發送指令。CAN 具有很大的調整能力，可以在既有的網路中增加節點而不用在軟硬體上做修正與調整的作業，數據傳輸距離最遠達（10KM）、數據傳輸率最高達（1M bit/s）、發送訊息不需指定裝置、可靠的錯誤處理與偵錯機制、訊息遭到破壞後可自動重發、節點在錯誤嚴重的情況下具有自動退出串列協定分析的功能。

在汽車產業中，出於對安全性、舒適性、方便性、低公害、低成本的要求，各種電子控制系統被開發了出來。由於這些系統之間通信所用的數據類型及對可靠性的要求不盡相同，由多條總線構成的情況很多，線束的數量也隨之增加。為適應「減少線束的數量」「通過多個 LAN，進行大量數據的高速通信」的需要，1986 年德國 Bosch 公司開發出面向汽車的 CAN 通訊協定。

▶ 傳統線路

傳統的標準線路中並沒有總機（Bus）的概念，所以每個電腦（ECU）都需要其感知器及作動器並與它們直接連接。若一個信號需要數次，則這些功能必須綜合在一個電腦或是相同的信號必須由數個感知器做重複多次的記錄。

▶ CAN Bus 標準線路

標準線路中所有的電腦（ECU）都是經由資料匯流排（Bus）接在一起，在匯流排系統中，每一個獨立電腦是連結在一起並能交換資訊的；來自一個感知器的信號傳送到最近的電腦後，信號經電腦處理並轉成資料碼後傳送至資料匯流排，在這資料匯流排上的每個電腦都可以讀取並處理這個資料碼。

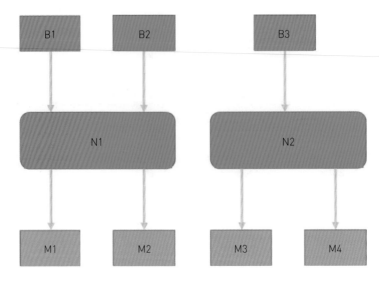

B1 感知器 1　　M1 作動器 1　　N1 電腦 1
B2 感知器 2　　M2 作動器 2　　N2 電腦 2
B3 感知器 3　　M3 作動器 3

圖 7-8-1　傳統標準線路

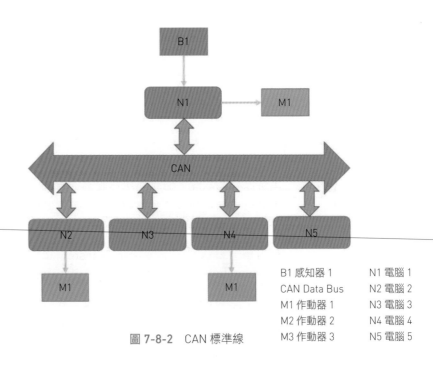

B1 感知器 1　　　　N1 電腦 1
CAN Data Bus　　　N2 電腦 2
M1 作動器 1　　　　N3 電腦 3
M2 作動器 2　　　　N4 電腦 4
M3 作動器 3　　　　N5 電腦 5

圖 7-8-2　CAN 標準線

7-9 車上診斷系統 （On-Board Diagnostics）

為了更有效地維護車子各系統正常運作，車用診斷系統的安裝是必須的，該系統是經由車上電腦監控車輛空氣汙染防制設備使用狀況及偵測故障之能力，並可儲存故障碼及顯示故障指示信號功能之系統，同時也能夠經由外裝配備來讀取診斷錯誤內容及測試內部運作的功用。

▶ OBD-I 及 OBD-II

自我診斷系統運作模式是當發現汙染控制元件發生問題時，能產生故障訊號提醒駕駛人進行車輛維修，降低車輛因控制元件故障造成汙染過度排放。1985 年，加州大氣資源局（CARB）制定法規，要求各車廠必須裝置 OBD 系統，這些車輛上配備的 OBD 系統，稱為「OBD-I」。但由於 OBD-I 規格不夠嚴謹，且各車廠的規格不一，無法診斷全部的系統。1996 年，CARB 又頒布了一項更嚴格的修正案，叫做「隨車診斷系統要求法規修正案」，簡稱「OBD-II」，規定此後的所有新車必須加裝，以隨時監控各個元件及系統是否正常，其功能包括偵測廢棄控制系統的元件是否由「衰老」變成「損壞」，使用標準化的故障碼，並且可以通用的儀器讀取。

▶ OBD-III

OBD-III 目前還在發展階段，OBD-II 雖然可以診斷出排放相關故障，但是無法保證駕駛者接受警示燈的警告並對車輛故障做及時修復。為此，以無線傳輸故障訊息為主要特徵的新一代 OBD 系統「OBD-III 系統」能夠利用車上傳送器（On-Board Transmitter），透過無線通信、衛星通信或 GPS 系統將車輛的故障碼及所在位置等資訊自動通告管理部門。此資料可藉由路邊讀送器、區域站網路傳送，然後車主將收到指出問題的相關郵件，並要求在一定時間內修護故障。

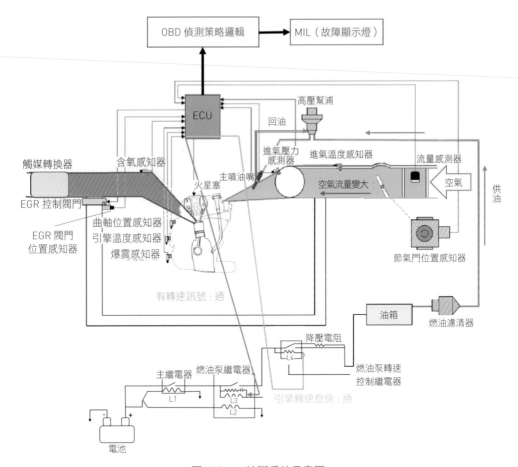

圖 7-9-1 診斷系統示意圖

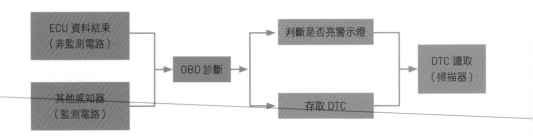

圖 7-9-2 診斷流程示意圖

7-10 先進駕駛輔助系統（ADAS）

ADAS 為先進駕駛輔助系統（Advanced Driver Assistance Systems）的簡稱。意指利用安裝於車上的各式各樣感測器，為駕駛人提供車輛的工作情形與車外環境變化等相關資訊進行分析，且預先警告可能發生的危險狀況，讓駕駛人提早採取因應措施，避免交通意外發生。ADAS 是近年來車廠積極發展的智慧車輛技術之一，是為了將來可以達到無人駕駛智慧車輛境界的技術進階過程。

常見的輔助駕駛系統包括盲點偵測系統（Blind Spot Detection System）、車道變換警示（Lane change alert）、倒車警示系統（Rear Cross Traffic Alert）、車道偏離警示系統（Lane Departure Warning System）、前方警示雷達（Forward Collision Warning）、主動車距控制巡航系統（Adaptive Cruise Control System）、停車輔助系統（Parking Aid System）、車輛穩定性電子式控制系統（Electronic Stability Control）等。

ADAS 的每項系統必須要有 3 個程序：

▶ 資訊的蒐集

不同的系統需藉由不同類型的車用感測器，包含毫米波雷達、超聲波雷達、紅外雷達、雷射雷達 CCD_CMOS 影像感測器及輪速感測器等來收集整車的工作狀態及其參數變化情形。

▶ 電子控制單元（ECU）

將感測器所蒐集到的資訊進行分析處理然後再向控制的裝置輸出控制訊號。組成零件包含微控制器（Micro Controller Unit；縮寫 MCU）、輸入／輸出迴路、（類比、數位）變換迴路、電源元件、車內通訊電路等。

▶ 執行器

依據 ECU 輸出的訊號，讓汽車完成動作執行例如：發出警示聲、螢幕顯示相關警示訊息、自動煞車或轉向等動作。

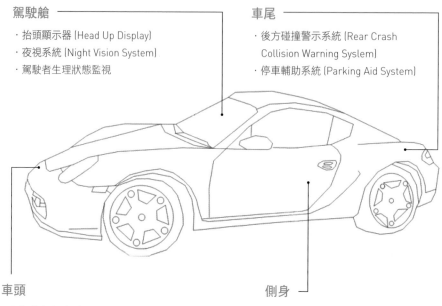

駕駛艙
- 抬頭顯示器 (Head Up Display)
- 夜視系統 (Night Vision System)
- 駕駛者生理狀態監視

車尾
- 後方碰撞警示系統 (Rear Crash Collision Warning System)
- 停車輔助系統 (Parking Aid System)

車頭
- 緩解撞擊煞車系統 (Collision Mitigation System)
- 主動車距控制系統 (Adaptive Cruise Control System)
- 碰撞預防系統 (Pre Crash System)
- 行人偵測 (Pedestrian Detection)
- 交通號誌偵測與辨識 (Traffic Sign/Signal Recognition)
- 主動式車燈系統 (Adaptive Front Lighting System)

側身
- 車道偏離警示系統 (Lane Departure Warning System)
- 盲點偵測系統 (BlindSpot Detection System)
- 胎壓偵測系統 (TPMS)
- 車身穩定控制系統 (Stability Control System)
- 360 度車身環景控制

圖 7-10-1　ADAS 位置圖

7-11

ECU 改裝

ECU 改裝，是依據車子的實際狀況來調整出最適合的引擎工作參數，能夠最大限度地提升該引擎的性能，使引擎的工作曲線貼近於其最理想的曲線。除了有效提高引擎功率外，同時也提高其燃燒效率、降低廢氣的排放。

早期 ECU 改裝是利用晶片改裝的方式，這類多半是直接向國外購入寫好的程式晶片，再將電腦拆開施以焊燒，程式一旦寫死可能就無法更改。近來，ECU 的型態設計大量導入整合式概念，訊號傳輸變更為 CanBus 或光纖型式，除了動力系統，還得同時負責底盤、懸吊、操控與各式電子系統的運算處理，因此，近年來 ECU 使用了可以多次重復讀寫的 EEPROM 晶片，在修改程式時不用更換空白晶片便可直接載入，較 Rom 方便多了。

表 7-11-1 為 Porsche 997 Carrera GTS 測試兩趟未強化 ECU 前的加速數據。0 ～ 100 公里，在 PDK（雙離合器變速箱）Launch Control 模式，以 sport plus 4500rpm 起步，最佳成績為 5.18 秒，完成距離為 80.71 公尺。表 7-11-2 為強化完 ECU 系統後的測試，PDK Launch Control 起步的情況下跑出 4.69 秒，完成距離為 70.6 公尺，進步 0.49 秒。

Speed (km/h)	Time (s)	Distance (m)
30	1.26	5.14
40	1.66	9.01
50	2.12	14.70
60	2.60	22.07
70	3.07	30.61
80	3.72	44.21
90	4.40	60.23
100	5.18	80.71

表 7-11-1　Porsche 997 Carrera GTS ECU 未強化前的加速數據

Speed (km/h)	Time (s)	Distance (m)
30	1.23	4.67
40	1.59	8.16
50	2.02	13.46
60	2.49	20.65
70	2.93	28.62
80	3.47	39.97
90	4.07	54.21
100	4.69	70.60

表 7-11-2　Porsche 997 Carrera GTS ECU 強化後的加速數據

7-12

車用感測器（一）位置

▶ 曲軸位置感測器

曲軸位置感測器是 ECU 控制點火系統中最重要的測量器。它的作用是檢測活塞上死點、曲軸角度和引擎轉速，以供給 ECU 做點火正時和噴油正時的決策依據，因此其精度亦要求非常高。曲軸位置感測器一般安裝於曲軸皮帶輪或鏈輪側面，有的安裝於凸輪軸前端。

曲軸位置感測器會因運用原理不同，其控制方式和控制精度也會不同，可分為磁電式、霍爾效應式、光學式。

以磁電式曲軸感測器為例，當引擎轉速愈快時，鋼輪轉速跟著增快而電壓增加；引擎靜止時則沒有輸出訊號，此特性卻使得引擎在啟動時的訊號設計上增加困難。由於轉子是在旋轉狀態，因此磁通量是逐漸變大或變小，而 ECU 接收電壓訊號後，通過計算單位時間內脈衝電壓的數目，來確定引擎的轉速。

▶ 節氣門位置傳感器

節氣門感測器可將節氣門開啟的角度轉換成電壓信號傳到 ECU，以便在節氣門不同開度狀態控制噴油量。可分為開關式、可變電阻式、電子式。

TPS 的兩個觸點與節氣門軸連動，一個觸點可在電阻上滑動，利用電阻的變化將節氣門位置信號轉換成電壓值（VTA）。因為電壓呈線性變化，所以又可叫做線性輸出型節氣門位置感測器。根據這個線性電壓值，ECU 可得到節氣門的開度範圍，使 ECU 進行噴油量修正，而另一個觸點在節氣門全關閉時與怠速觸點 IDL 接觸，它與 ECU 的連線電路如圖 7-12-2 所示。

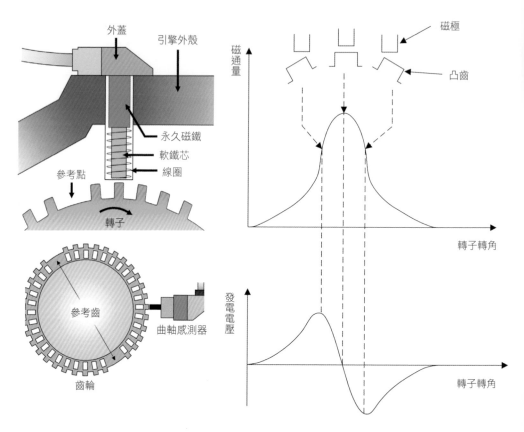

圖 7-12-1　磁電式引擎轉速感知器

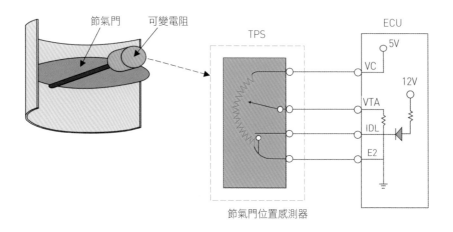

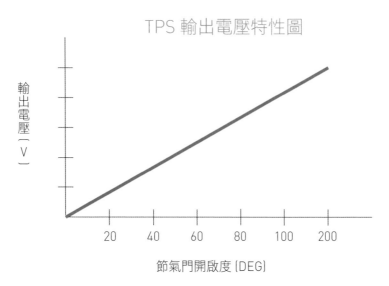

圖 7-12-2　開關式節氣門位置感測器結構圖

車用感測器（二）溫度

現代汽車引擎、自動變速器和空調等系統均使用溫度感測器，它們用於測量引擎的冷卻液溫度、進氣溫度、自動變速器油溫度、空調系統環境溫度等。老式溫度感測器所表現的非線性、低輸出電壓及易受高溫影響等不穩定因素，已逐漸獲得改善，而現代的車用溫度感測器分類如下。

▶ 熱阻器式溫度感測器

熱阻器亦稱為熱敏電阻式，為依溫度而改變電阻之裝置，只需少量的溫度變化，就會有大幅度的電阻變化，其敏感度非常高，常常與橋式電路或分壓器電路組合來提供輸出電壓訊號給 ECU。熱阻器又可分兩種，即負溫度係數型（NTC）與正溫度係數型（PTC），NTC 型電阻的變化與溫度成反比，而 PTC 型電阻的變化與溫度成正比。此種溫度感測器可依熱敏電阻的溫度／電阻變化的線性範圍的不同，廣泛地應用於引擎冷卻水溫度、進氣溫度和排氣溫度的量測中。

▶ 水溫感測器

冷卻水溫度感測器安裝在引擎缸體或缸蓋的水套上，與冷卻水接觸，用來檢測發動機的冷卻水溫度，其電路圖如圖 7-13-2 所示。感測器的兩根導線都和電控單元相連接。其中一根為地線，另一根的對地電壓隨熱敏電阻阻值的變化而變化。電控單元根據這一電壓的變化測得發動機冷卻水的溫度，和其他感測器產生的信號一起，用來確定噴油脈衝寬度、點火時刻和 EGR 流量等。

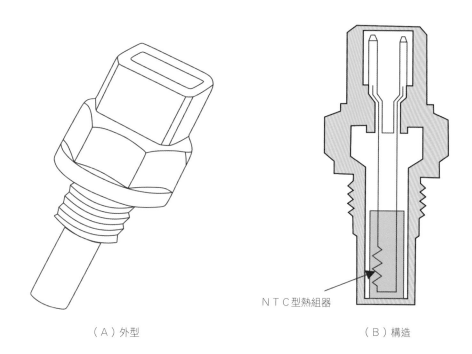

（Ａ）外型 （Ｂ）構造

圖 7-13-1 熱阻器式溫度感測器外觀與構造圖

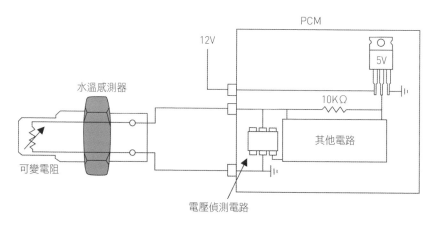

圖 7-13-2 水溫感測器電路圖

車用感測器（三）壓力

壓力感測器是輔助設定點火、噴油和爆震偵測的重要感測器，以量測方法來區分可分為絕對壓力及相對壓力檢測兩種。以工作原理來區分則可分為電容式、壓阻式和壓電式。其中量測進氣歧管壓力可影響點火與噴油，通常採用電容式與壓阻式壓力感測器；而汽缸內壓力須採用高壓、抗環境變化的壓電式為佳，以下將分別介紹這 3 種壓力感測器的原理。

▶ 電容式壓力感測器

電容式壓力感測器的原理是將待測壓力經通道導入施加於一個可動膜片上，膜片受壓時與固定電擊板間產生相對位置變化，如圖 7-14-1 所示，使固定電極板內電容量隨之改變，因此可藉由量測電容量變化而得到壓力值，較適用於低壓力及真空測量方面。

▶ 壓阻式壓力感測器

其原理為利用惠斯登電橋的平衡與否產生壓差，如圖 7-14-2 所示。其感測器圓形膜片上有 4 個電阻，當正反面兩端發生壓差即會使膜片變形，造成中央區的 R1、R3 拉長；且邊緣帶的 R2、R4 壓縮（電阻值減），因此電橋不平衡，得到電壓線性輸出 Vout。而基板內開通的孔隙，若接大氣，則可測相對壓力；反之，密封並抽真空，即得絕對壓力感測器。

▶ 壓電式壓力感測器

當某些晶體介質沿著一定方向受到機械力作用發生變形時，就產生了帶電荷；當機械力撤掉後，又會重新回到

不帶電的狀態。科學家就是根據這個效應研製出壓力感測器。其中石英是極適合
的壓電材料，並具有抗高壓高溫的特性。壓電式壓力感測器即利用此效應來輸出
電壓訊號給 ECU。

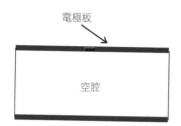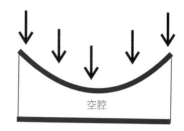

圖 7-14-1　電容式壓力感測器原理示意圖

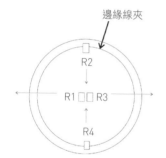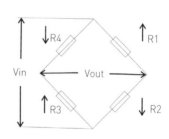

圖 7-14-2　壓阻式壓力感測器工作原理

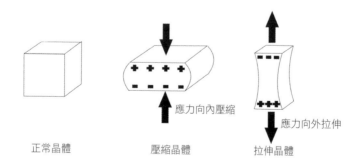

圖 7-14-3　晶體的壓電效應

車用感測器（四）其他

引擎的爆震是指汽缸內的可燃混合氣在點火的火焰尚未到達之前，因壓力增加而產生自燃現象所導致的缸體震動。產生爆震的原因可能是點火角過於提前、引擎溫度過高和汽缸內積碳所造成，再利用爆震時所產生的振動來轉換成電壓訊號傳給微控制器判斷。

當引擎振動時，會使磁心振動偏移，線圈內產生感應電動勢，輸出電壓信號，其大小與振動頻率有關，發生諧振，輸出最大信號。

▶ 爆震控制系統圖

通常安裝在燃燒室中或是火星塞上，利用爆震時所產生的振動來轉換成電壓訊號，當有爆震時會減少其點火提前角，而無爆震時則會增大點火提前角來達到最佳的扭力輸出值。

▶ 翼片式空氣流量計

在主進氣道內安裝可繞軸旋轉的翼片，在引擎工作時，空氣經空氣濾清器推動翼片旋轉。操縱加速踏板來改變節氣門使進氣量增大，進氣氣流對翼片的推力和翼片開啟的角度皆增大。在翼片軸上安裝與翼片同軸旋轉的電位計使其上的電阻發生變化轉變成電壓信號。

如圖 7-15-2 所示，其中 E1 為燃油泵開關接地、FC 為燃油泵開關、E2 為進氣溫度感知器接地、VC 為空氣流量計輸出信號、VS 為電壓輸出信號。引擎工作時，利用電表測量 VC 端子和 E2 端子時，其電壓應介於 4V ～ 6V。VS 端子和 E2 端子的電壓則在翼片全關閉時，為 3.7V ～ 4.3V；翼片全開時，為 0.2V ～ 0.5V。怠速時則為 2.3V ～ 2.8V。每分鐘 3000 轉則介於 0.3V ～ 1.0V。

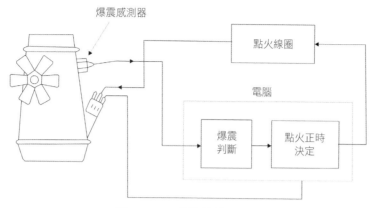

圖 7-15-1　爆震控制系統圖

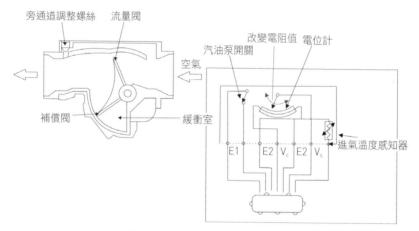

圖 7-15-2　翼片式空氣流量計

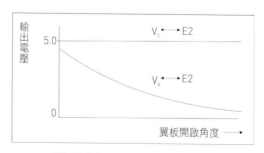

翼板開啟角度與輸出電壓Ｖs之關係

圖 7-15-3　翼片式電壓圖

CHAPTER 08

傳動系統

傳動系統

▶ 什麼是傳動？

在漫長的人類歷史中，古人早就知道使用獸力拉動帶著輪子的平台或包廂，來運輸人類及貨物，只要用幾根曲木及木栓連接馬匹和車體，便能形成簡單的馬車。19 世紀人類發明了發動機後，世界進入無馬車的時代，漸漸地，人們也對交通工具的要求愈來愈高，精準的轉向、煞車、倒車以及速度控制，已經不是「馬拉車」的形式所能完成。汽車的動力來源—引擎，就是一個可以不斷同方向運轉的輪子，如果汽車上只有一顆引擎，不用說變速等複雜的功能，甚至連平穩前進都無法完成，傳動系統便是為了將引擎單一的輸出傳達到汽車的每一個角落，並且有能力做出複雜的變化。隨著科學家與工程師的努力，時至今日，傳動系統已經非常成熟且普及。

汽車引擎與驅動輪之間的動力傳遞裝置稱為汽車的傳動系統，它應保證汽車具有在各種行駛條件下所必須的牽引力、車速，以及保證牽引力與車速之間協調變化等功能，使汽車具有良好的動力性和燃油經濟性；還應保證汽車能倒車，以及左、右驅動輪能適應差速要求，並使動力傳遞能根據需要而平穩地結合或徹底、迅速地分離。傳動系統包括離合器、變速器、傳動軸、主減速器、差速器及半軸等部分。

▶ 基本汽車傳動構件

汽車的傳動系統構件主要包含了離合器、差速器，若車子需要較遠距離的傳遞動力，則需要安裝萬向軸，根據不同的車型驅動方式、整體布局，以及不同的功能需求，這些傳動機構外型及操作上也會隨之變化，以下

將介紹這些傳動構件的基本外型及作動原理。

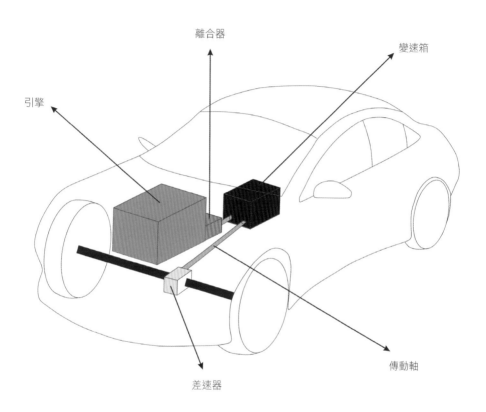

圖 8-1-1　汽車傳動系統

8-2
離合器的介紹與種類

▶ 離合器是什麼？

　　離合器（Clutch）便是引擎動力與變速箱之間連結的開關裝置，架構層次從引擎飛輪到變速箱之間，分別為驅動板（有時稱為離合器片、中心或摩擦板）、壓板總成、推力環總成。動力連線的斷點便是驅動板與壓板之間，平時汽車行走時，兩者貼合以摩擦力傳動，踩下離合器踏板，兩者分開。依照零件上些許的不同可以分為 3 類：多彈簧式離合器、膜片彈簧式離合器、多片式離合器。

▶ 多彈簧式離合器、膜片彈簧式離合器

　　傳統的離合器形式，飛輪與壓板以鉚釘連接，與引擎的曲軸一同旋轉，變速箱輸入軸穿過釋放軸承與摩擦板相連結，離合器踏板未踩下時，壓板會因為彈簧負載作用，緊壓著摩擦片，飛輪動力也能順利傳達到變速箱輸入軸；離合器踏板一踩下，釋放軸承便下壓分離槓桿內側，依槓桿作用，壓板反而抬升，移除彈簧施加在摩擦板的壓力，摩擦板依然旋轉，摩擦板與變速箱輸入軸則因為沒有摩擦力的作用而緩緩停下。膜片彈簧式離合器，則是將彈簧與分離槓桿替換成膜片彈簧。

▶ 多片式離合器

　　機械多片式離合器早期應用在大型車上，更多的摩擦板可以使離合器可傳遞扭矩更大。如圖是一個兩片壓板的多片式離合器，兩片壓板外圈的凹槽將裝置在飛輪的定位點上與飛輪一起旋轉，釋放軸承在膜片彈簧中間施力之後，釋放彈簧作用在壓力板的壓力，則所有壓力板及摩擦板之間沒有原來這麼密合，摩擦力也就降低了。而現今自

動排檔汽車變速箱主要原理是使用多片式離合器來選擇行星齒輪，其採用液壓當作控制動力，離合器組中的多個離合器片等距排列，油壓系統可以控制油路進油，推動活塞進而推動其中一組離合器組，則兩組離合器組中的摩擦面一個對一個貼合，完成行星齒輪系統的離合工作。

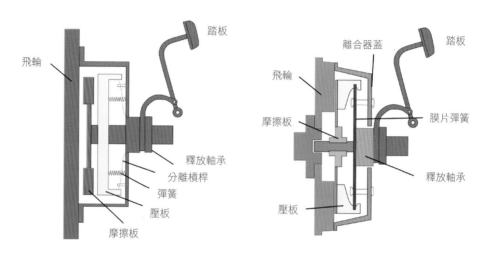

圖 8-2-1　多彈簧式離合器結構　　　　圖 8-2-2　膜片彈簧式離合器結構

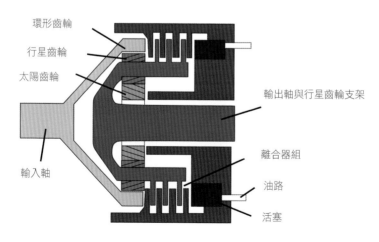

圖 8-2-3　機械式多片式離合器

▶ 差速器

　　差速器的發明，是因為在汽車於轉彎時，外側輪子需要走的路徑要比內側輪子走的路徑大，汽車想順暢和精確地轉彎，必然要讓外側的車輪轉速高於內側車輪，人們藉由設計一個特殊的機械結構來彌補兩輪轉速上的差異，此機械結構便是差速器。差速器是一組由 4 個錐形齒輪組合而成、兩兩相接的行星齒輪組，2 個太陽齒輪（在這裡又稱作半軸齒輪），每個半軸齒輪都與 2 個行星齒輪相咬合，每個行星齒輪也與 2 個半軸齒輪相接。我們可以從圖中更清楚地了解差速器的作用，移除一個行星齒輪簡化系統且外加一個紫色外框代表行星齒輪會隨著半軸連線旋轉，大的紫色齒輪則代表從變速箱傳來的動力，恆往汽車前進方向旋轉。當汽車直線行駛時，兩半軸齒輪受到的阻力大致相同，因此行星齒輪並不會自轉，當汽車向左轉彎，左側車輪所受阻力較大，左邊半軸齒輪轉速就會慢下來，極端情況下我們可以假設它完全停下來，但是紫色齒輪照常轉動，連同紫色外框帶動行星齒輪向車前進方向運轉，這時行星齒輪已經因為兩端半軸齒輪的阻力不同而無法使兩者保持等速，必然是右側半軸較容易被推動，行星齒輪因此順時針自轉，將右側半軸齒輪加速旋轉。

▶ 萬向軸

　　萬向軸是用於傳遞扭矩和旋轉的機械部件，通常用於連接因距離而不能直接連接、卻需要有相對應運動之傳動系統的部件。作為扭矩載體，驅動軸承受扭轉和剪切應力，相當於輸入扭矩和載荷之間的差異。因此，它們必須足夠強大以承受壓力，同時避免過多的載重，從

而增加慣性。為了允許驅動部件和被驅動部件之間的同步，驅動軸經常包括一個或多個萬向接頭、爪耦合聯接器或彈性接頭，有時是花鍵接頭或棱柱形接頭。

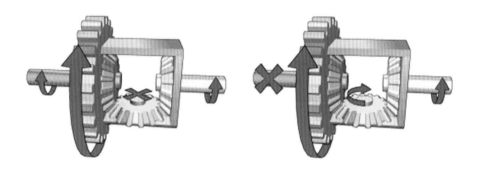

圖 8-3-1　差速器作用，直線行駛（左）；向左轉彎（右）

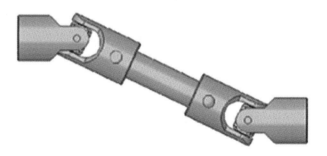

圖 8-3-2　萬向軸

▶ 前置引擎前輪驅動（FF）

前輪驅動的車輛變速箱橫向安裝於車輛前部單元，與後輪驅動不同，變速箱輸入與輸出並不會在同一直線上，由於引擎出力直接就近傳給前輪，而不需要向後傳遞的傳動軸。這種型式操縱機構簡單、引擎散熱條件好、製造成本低。大多數轎車採取這種布置型式，不過將引擎、變速箱以及傳動軸擺放在車輛前方也意味著不理想的重量分配。前輪同時要負責驅動和轉向也會使操控上的轉向性不足，不過，現代車款已經靠各種電子輔助系統和懸吊解決了這個問題。

▶ 前置引擎後輪驅動（FR）

除了 FF，前置引擎還能縱向擺放，延伸出 FR 的設計。這是一種傳統的布置型式，前輪僅負責轉向，後輪負責動力輸出，部分零件相較於 FF 移往車輛後方，在重量上的分布較平均，因此在天生的操控性上通常是優於 FF 車款的。國內外的大多數貨車、部分轎車和部分客車都採用這種型式。總結優缺點，FR 的優點是附著力大易獲得足夠的驅動力，整車的前後重量比較均衡，操控穩定性較好。缺點是傳動部件多、傳動系統質量大，貫穿乘坐艙的傳動軸占據了艙內的地台空間。

▶ 後置引擎後輪驅動（RR）

把引擎放在車輛後方是比較少見的作法，甚至有許多人不認同這種作法，但後置引擎的配置仍然存活在現今的汽車市場當中，例如著名的 Porsche 911 車系，RR 和 FF 有著相同的優點，就是能夠騰出寬敞的車室空間。

然而，大部分的重量都集中在驅動輪上，因此 RR 車系通常會有優異的加速性能，但缺點就是重量分配不平均，若是沒有好的操作技巧與經驗，容易造成轉向過度，進而造成危險。

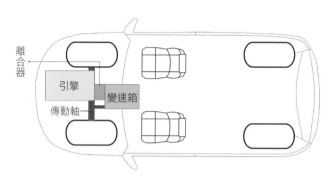

圖 8-4-1　FF 設計示意圖

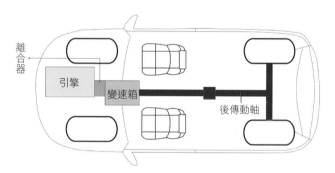

圖 8-4-2　FR 設計示意圖

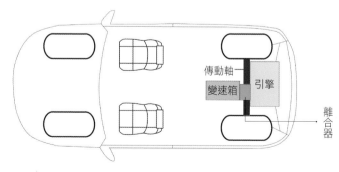

圖 8-4-3　RR 設計示意圖

手排變速箱的介紹與原理

▶ 手排變速箱簡介

　　最早的手排變速機構出現於 19 世紀末，法國工程師 Emile Levassor 所設計，Levassor 推出了許多對現代汽車極具影響力的概念，其中一項便是離合器與排檔桿的組合裝置。譽為最頂尖的汽車工藝，其包含了四輪、ER layout 和三段滑動齒輪式變速箱。但這種舊式的變速箱設計也有著齒輪不同步問題，因此齒輪發出噪音、容易損壞，也增加了汽車的操作難度。而手排變速箱從最早 Levassor 所設計至今，中間也發生了許多次重大的概念革新。早期的動嚙合變速箱只有兩對簡單的齒輪組，但有齒輪嚙合不同步問題出現，因此發展出較先進的固定嚙合、同步嚙合變速箱，之後又隨著技術逐漸進步，加入了電子油壓系統的半自動化手排車，縮短了手排換檔耗費的時間與傳動力，稱呼為自手排，也是現在非常普遍見到的變速箱形式。

▶ 變速箱動力傳輸原理

　　變速箱在汽車傳動系統中是極其重要的一環，汽車引擎的轉速如果直接轉化為輪子轉速，對於使用者來說實在太快，比方說引擎轉速 4000 直接當作輪子轉速，車輪輪徑 800，則該車的時速（4000×800× π ×60）／ 1000000=603km ／ hr，顯然並不實際，就算真的需要如此高的跑速，引擎的扭力也不足以負荷整個汽車傳動系統。變速箱扮演的角色即是將轉速與扭力控制在可行的範圍，並且駕駛可以依需求改變汽車的速度，手排車的齒輪箱集合了齒輪組以及許多操控元件，才能提供使用者許多的檔位選擇。手排變速系統中，引擎曲軸將動力通過離合器傳至變速箱的輸入軸，經過變速箱中的齒輪

傳輸後，再經由變速箱輸出軸傳遞至傳動軸中，便完成了引擎至車輪上的動力傳遞。由於手排變速箱是機械結構，內部的金屬齒輪硬碰硬的直接接合，因此動力傳輸僅於齒輪咬合間些許浪費，雖然無法將引擎輸出動力全傳遞至車輪上，但以目前車輛科技發展而論，此變速傳動系統已是最不浪費的設計，且相較於自排變速系統，動力傳輸絕對較直接。

圖 8-5-1　手排變速箱發展次序圖

▶ 滑動嚙合變速箱

主軸（輸出）上的齒輪藉由換檔機構沿著軸移動，與副軸上的齒輪進行配對而有不同齒數比，此種變速箱為原理最簡單的變速箱，僅僅就是透過滑動齒輪的位置直接做接合，而齒輪換檔機構則由齒輪槓桿來操作。滑動嚙合變速箱齒輪嚙合過程中常常彼此衝擊而發出噪音，故此種變速箱又稱為衝擊式變速箱（crash gearbox）。

▶ 固定負載嚙合變速箱

滑動嚙合變速顯然並不順暢，因此人們想到將一對對減速齒輪一開始便嚙合在一起，主軸上的齒輪自由轉動（不隨主軸旋轉），需要其作用時以帶有鍵槽的嚙合離合器將該齒輪與主軸連接。如圖是一個五速固定負載嚙合變速箱，且倒檔惰輪也行固定負載嚙合。1、2 檔齒輪間；3、4 檔齒輪間；以及 5、R 檔齒輪間都會有一個犬牙形離合器，跟滑動嚙合變速箱不同的是，3 個離合器以檔位撥叉沿主軸後移動，而不是移動齒輪。只要離合器上的犬牙與齒輪上的犬牙嚙合，便只有該齒輪的轉速能傳達至輸出軸，其餘的齒輪則是繼續自由轉動。

▶ 同步嚙合變速箱

同步嚙合、同步齒環嚙合皆與固定負載嚙合結構相同，唯一的差異在嚙合離合器改作小型的錐形離合器，同步嚙合輪轂在主軸上有鍵槽，並由齒輪換檔機構控制，可沿主軸方向移動。輪轂的周圍放上彈簧及鋼珠，提供外側套筒負載，在非操作階段不至於滑開。同步嚙合機構能與嚙合齒輪上的相應齒嚙合。換檔初時先將同步錐與齒輪上

的相應摩擦面接合，慢慢兩者轉速接近，換檔機構進一步作動達到完全嚙合。同步齒環嚙合則是將彈簧鋼珠組合替換為同步器及換檔板保持彈簧。

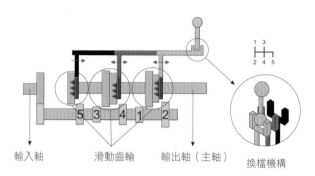

圖 8-6-1　滑動嚙合變速箱

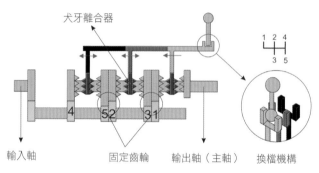

圖 8-6-2　固定負載嚙合變速箱

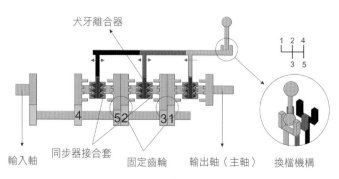

圖 8-6-3　同步嚙合變速箱

手排變速箱的發展與種類（二）

▶ 序列式變速箱

序列式變速箱（sequential manual transmission）是用於摩托車和高性能汽車的非傳統類型手動變速器，序列式的意思就是該變速箱只能提供使用者從當前應用之齒輪對切換到相鄰的較高檔位或相鄰的下檔，而無法直接切換到任意檔位，序列式變速的排檔方式不會像傳統排檔的 H-pattern，而是呈一直線，摩托車的檔位切換更不用說，只有加檔、減檔兩種選擇。而其換檔的原理也是利用類似同步器的概念，利用同步器去咬合要輸出的齒輪，並利用插銷鋼珠的上下移動去做換檔的動作。

▶ 自動手排變速箱

較現代的變速箱，為了增加使用者的安全性與便利性，使用電子油壓系統取代部分人力操作，是具有計算機控制機構的常規手動變速器，在必要時使離合器脫離的伺服裝置。變速器計算機控制這種傳動裝置的早期版本是從 1967 年到 1976 年在大眾甲殼蟲和卡曼 Ghia 使用的 Autostick，而現今依然有在使用的自手排變速箱大致上可以依離合器數量分為兩種：單離合器與雙離合器。

單離合器自手排變速箱，最初是為了塞車減少換檔踩離合器的動作而開發，可以說是傳統變速箱演進而來，1990 年代 Ferrari Mondial 與第一代 Renault Twingo 皆使用類似系統。而雙離合的概念早在二戰時期由法國工程師 AdolpheKégresse 提出，1980 年代由配置了雙離合器自手排變速箱的 Porsche 962C 於賽場上發揚光大，雙離合器自手排變速箱開始受到人們矚目。

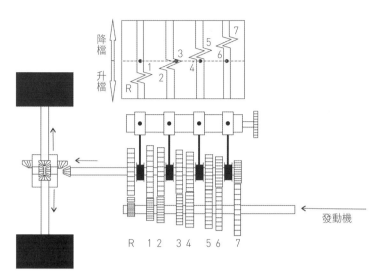

圖 8-7-1　序列式變速箱結構

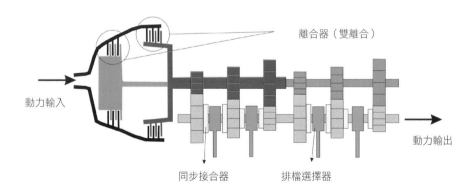

圖 8-7-2　雙離合變速箱結構

手排變速箱的基本構成

▶ 換檔機構

所謂的換檔機構包含了排檔桿、換檔軸、換檔撥叉，而 4 輪變速箱的連鎖機構像是一個方形模塊讓 3 根換檔軸平行穿過，中間有垂直 3 根軸的穿孔用來放置鋼珠，短銷則是穿過中間的換檔軸，兩端與鋼珠相觸。所有換檔軸上皆有弧形縱向截面的環形凹槽可以與鋼珠配合，換檔時，其中一根軸被推出模塊，軸的外緣推擠 2 顆鋼珠向外進到剩下 2 根未動軸的凹槽內，將 2 根軸卡住，如此可以防止 2 根以上的換檔軸同時推出，造成亂檔情形。

▶ 傳動軸

一般來說，大部分傳動軸的架構形式主要可以分為 2 軸和 3 軸，3 軸的部分比較常被應用在後輪驅動的系統上，有輸出軸、輸入軸和中間軸，而 2 軸就是少了一個中間軸，動力在傳輸上一定比較直接，具有比較高的傳輸效率，即使在不能提供直接檔的變速器中，把輸入軸與輸出軸布置在一條直線上也有利於降低工作時變速器所需承受的扭矩。

▶ 齒輪與同步器

引擎的動力之所以能傳遞到輪子上，主要就是靠齒輪間的咬合來傳遞動力，而透過不同大小的齒輪則可以產生不同的傳動比，進而可以達到隨著路況不同而去做調整的操作，而同步器是發展到同步嚙合變速式才出現的設置，可使 2 個齒輪在接合前速度先達到一致，此種同步器在所有的手動排檔汽車的變速器中都已使用。

▶ 離合器

　　離合器便是引擎動力與變速箱之間連結的開關裝置，主要的功用就是利用驅動板和壓板之間的摩擦力來做一個動力傳輸的斷點，平時汽車行走時，兩者貼合以摩擦力傳動，踩下離合器踏板，兩者分開。

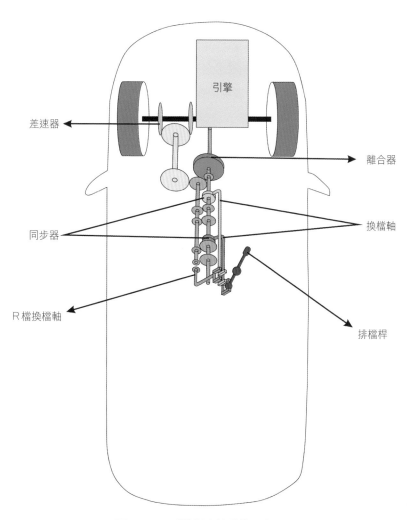

差速器

引擎

離合器

同步器

換檔軸

R檔換檔軸

排檔桿

圖 8-8-1　手排變速箱結構示意圖

▶ 傳動比（齒輪比）

變速箱設計的基本目的便是藉由不同斜齒輪的搭配形成不同的減速比，配合作用在不同的汽車行進速度要求。文中範例以一款前置引擎後輪驅動的同步嚙合 4 段變速箱介紹，一次減速於減速箱內完成，輸入軸上的零件從右到左分別為 1 檔齒輪、2 檔齒輪及 3 檔齒輪，相對地，在主軸上也有分別與其對應的齒輪，該範例變速箱可以將輸入輸出軸相接形成 4 檔，傳動比 1:1 的直接傳遞，並根據輸出軸上的 1、2、3 檔齒輪數；副軸上 1、2、3 檔齒輪數及 1 次減速齒輪數可以實際計算出齒輪箱各檔位的傳動比。

▶ 手排的各種齒輪組合

撥動排檔桿到 1 檔位置，換檔撥叉撥動 1、2 檔之間的同步器向右使主軸隨 1 檔齒輪旋轉，動力即由離合器 →→ 輸入軸齒輪 →→ 副軸 →→ 副軸 1 檔齒輪 →→ 輸出軸 1 檔齒輪 →→ 同步器 →→ 輸出軸，動力流向如圖。

撥動排檔桿到 2 檔位置，換檔撥叉撥動 1、2 檔之間的同步器向左使主軸隨 2 檔齒輪旋轉，動力即由離合器 →→ 輸入軸齒輪 →→ 副軸 →→ 副軸 2 檔齒輪 →→ 輸出軸 2 檔齒輪 →→ 同步器 →→ 輸出軸，動力流向如圖。

撥動排檔桿到 3 檔位置，換檔撥叉撥動 3、4 檔之間的同步器向右使主軸隨 3 檔齒輪旋轉，動力即由離合器 →→ 輸入軸齒輪 →→ 副軸 →→ 副軸 3 檔齒輪 →→ 輸出軸 3 檔齒輪 →→ 同步器 →→ 輸出軸，動力流向如圖。

撥動排檔桿到 4 檔位置，換檔撥叉撥動 3、4 檔之間的同步器向左使主軸隨輸入軸旋轉，動力即由離合器 →→ 輸入軸 →→ 輸出軸，動力直線傳輸，傳動比即為 1，

動力流向如圖。

　　如圖，範例齒輪箱加上了倒檔齒輪。駕駛撥動排檔桿到 R 檔位置，換檔軸帶動倒檔惰輪嚙合主軸倒檔齒輪軸，因為動力傳輸過程多了惰輪而造成輸出軸反向運轉，動力傳遞即由離合器 →→ 輸入軸齒輪 →→ 副軸 →→ 副軸倒檔齒輪 →→ 輸出軸倒檔齒輪 →→ 同步器 →→ 輸出軸。

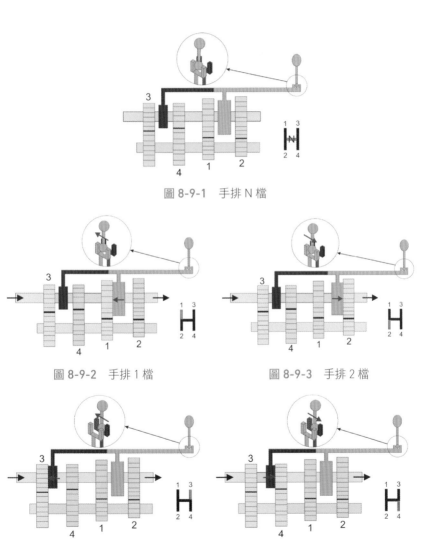

圖 8-9-1　手排 N 檔

圖 8-9-2　手排 1 檔

圖 8-9-3　手排 2 檔

圖 8-9-4　手排 3 檔

圖 8-9-5　手排 4 檔

自排變速箱的介紹與原理

▶ 自排變速箱簡介

　　現今的自排變速系統便是一個龐大的油路系統與多個行星齒輪組的結合。其中系統內部的油泵供應扭力轉換器、行星齒輪組制動帶、離合器以及油壓控制系統所需要的自動變速箱液（ATF），提供各零件所需液壓及潤滑。傳統自排變速箱油壓控制系統的控制壓力可以分為三種形式，主管路壓力、節氣門壓力、速控器壓力。主管路壓力又稱為主油壓或管路壓力，用來控制離合器與制動帶作用；節氣壓力正是因為其隨引擎負荷、節氣門開度約成正比變化之特性，用來控制油壓系統各個閥門作動；速控器則是一個變速箱輸出速度感知裝置，隨變速箱輸出速度提高進而增加其輸出至各油路的壓力。與手排變速箱相較之下，自排變速箱優勢在於簡便的操作、加速及起步較平穩、在其變速原理採用行星齒輪減速及製造技術精密的情況下，體積相同的自排變速箱能提供比手排變速箱更多的檔位數。相對地，自排變速箱換檔反應較慢、傳動效率較差，而對駕車愛好者來說，自排車減少了駕駛快感也是一大問題。為了彌補這些缺憾，傳統自排變速箱被推往革新之路，進而發展出能提升傳動效率的電子控制式自排、也能提供手排模式的手自排，以增加駕駛樂趣，以及沒有固定的齒數比，可以連續無斷變化，使引擎輸出能達到最高效益的無段變速箱。

▶ 自排變速箱動力傳輸

　　自動變速箱動力傳遞比起手排變速箱來得更複雜，換檔並不是選擇 1 個齒輪對即可決定變速箱的傳動比，自排變速箱在某些檔位情況下，動力必須經過多組行星齒輪系層層傳遞，而非選擇單一行星齒輪系。文中將介紹一款

Allison 六段變速自動變速箱，其共具有 5 個多片式離合器，如圖，從引擎承接的動力透過 C1、C2 兩個離合器將有可能藉由層層套筒結構直接傳到 C4、C5 位置的太陽齒輪；亦可能傳輸至 C4 位置的行星齒輪架，而剩下 3 個 C3、C4、C5 離合器則是用來使各對應位置之環形齒輪制動。

圖 8-10-1　手排變速箱發展次序圖

自排變速系統的發展與種類（一）

▶ 傳統自排變速箱（AT）

AT 變速箱是當今市面上運用最廣泛也最常見的變速箱。傳統的液壓自動變速器採用了液壓結合器，可以緩衝發動機的動力衝擊，搭配行星齒輪的機械組合，性能穩定。能夠承受的扭矩也很高，連坦克也有採用 AT 變速箱的型號。其舒適性一般，由於 AT 變速箱依舊採用了固定的齒輪組，使得換擋時車輛會發生頓挫和噪音。雖然隨著技術的發展，換擋衝擊得到極大優化，但是 AT 變速箱依舊不是很平順。

▶ 電子控制式自排

電子控制式自動變速箱即使用電腦控制變速箱作用的 A ／ T，電磁閥的應用是傳統自排變速箱與電子控制式變速箱間最大的差異。電腦需要配合感知器及作動器，才能精確控制變速箱。自排電子控制系統基本包含 2 個電子控制單元（ECU），1 個控制引擎、1 個控制變速箱。ECU 接收的訊號多來自於安裝在汽車各處的感知器，如速度感知器、節氣門位置感知器等，而部分訊號則是由 A ／ T 本身送出，如換檔訊號、模式選擇訊號，ATF 溫度感知器信號等。作動器則是電磁閥，用來控制換檔、鎖定、管路壓力，一般的 A ／ T，電磁閥會安裝在閥體上，隱匿在 A ／ T 內部。

▶ 手自排

除了前述的行車換檔模式可供駕駛人選擇，另外還有些許車款提供手自排（Manumatic）自動變速箱，手自排自動變速箱設計理念就是提供讓駕駛人隨意換檔的手排

模式，雖然只有升檔及降檔操作，手自排的出現都已經讓自排車的樂趣大幅提升。手自排的手排模式會設計在排檔桿 D 檔位置旁邊，將排檔桿排往手排模式，即可手動操作 A ／ T 升降檔。雖然手自排提供了駕駛換檔的自由，如駕駛者將引擎轉速拉高至超過當前檔位紅線轉速而未切換檔位，ECU 依然會自動升檔防止變速箱損壞。

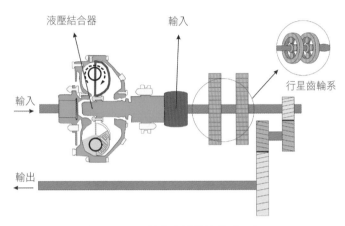

液壓結合器　　輸入

行星齒輪系

輸入

輸出

圖 8-11-1　傳統自排變速箱（AT）

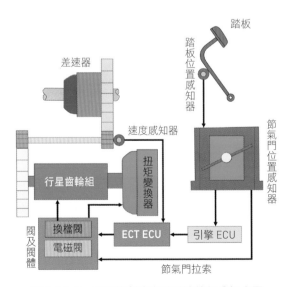

踏板

差速器

踏板位置感知器

節氣門位置感知器

速度感知器

行星齒輪組

扭矩變換器

換檔閥

閥及閥體

電磁閥

ECT ECU

引擎 ECU

節氣門拉索

圖 8-11-2　電子控制式自動變速箱組成概念圖

自排變速系統的發展與種類（二）

▶ 無段變速箱（CVT）

　　無段變速箱（Continuously Variable Transmission,CVT）沒有固定的齒數比，可以連續無段變化，使引擎輸出能達到最高效益，比起行星齒輪式的自排變速箱及永嚙齒輪式變速箱，CVT 更省油、換檔更平穩，比起一般自排變速箱其動力損耗也較低。CVT 以 2 組帶輪及 V 型鋼帶取代一般變速箱的齒輪組，V 型鋼帶斜面與 2 帶輪椎面重合，以摩擦力傳遞旋轉動力。軸上 2 帶輪可以油壓控制距離，當帶輪距離拉遠，V 型鋼帶便會下滑至帶輪中心處，此段鋼帶的作用好比套在小齒輪上；當帶輪距離縮減，V 型鋼帶會被推擠至椎面外緣，此段鋼帶的作用就像是套在大齒輪上。

　　無段變速箱因為不需要許多的齒輪來搭配減速比，因此結構比起手排及自排變速箱都來得簡單。CVT 變速箱包含有電磁離合器、前進與後退切換機構、輸入及輸出鋼帶、帶輪與油壓控制系統。前進與後退切換機構是由 2 圈行星齒輪的行星齒輪系統配合內外 2 組多片式離合器組成，而外圈行星齒輪設計與輸入軸帶輪連動。當 CVT 於前進檔位，內離合器作用鎖定太陽齒輪與環形齒輪，則輸入軸與帶輪同向直接傳動；當 CVT 需要切換倒檔模式，內離合器鬆開同時作用外離合器，鎖定環形齒輪，則太陽齒輪自轉帶動內圈行星齒輪反向自轉，內圈行星齒輪帶動外圈行星齒輪同向自轉，依平移旋轉法可以得知外圈行星齒輪中心速度必定與最接近的太陽齒輪外緣切線速度向相反，即行星齒輪帶動帶輪反向旋轉。

　　CVT 自動變速箱受到日本車廠偏愛，不過因為其可承受極限扭矩較小，加速感較差，對於以性能車為主要生產方向的車廠並不流行，即便 Audi 採用了鍊條式鋼帶增

加了 CVT 可承受扭矩也無法於駕駛性能上和 Benz、Porsche 的高檔數 A ／ T 相比，因此，於 2015 年時 Audi 也全面棄用 CVT 變速箱。

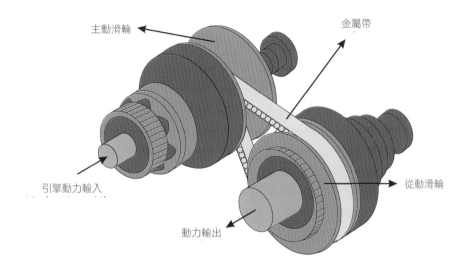

圖 8-12-1　CVT 傳動機構

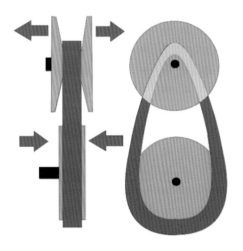

圖 8-12-2　CVT 作用概念

自排變速箱的基本構成

▶ 液壓結合器

　　自動變速系統內的液壓結合器取代了傳統倚靠摩擦傳遞動能的離合器。液壓結合器同屬於液壓設備，比起傳統離合器，更適合安裝在以液壓驅動的自排變速系統內；現代的液壓結合器又稱為「自動離合器」，除了可以平滑地傳遞引擎到變速箱之間的動力，還可以在汽車到達巡航速度時，自動調整機構的些微變化，改變結合器內 ATF 流動方式來達到變速箱的高轉速。液壓結合器隨時代演進，大致上可以分為兩種：液體接合器及扭力轉換器。

▶ 行星齒輪系統

　　自排變速箱傳動比是依靠不同的行星齒輪系統互相結合調配出輸出所需要的傳動比，行星齒輪系統是以 1 個環形齒輪、1 個太陽齒輪以及數個行星齒輪組合而成，行星齒輪架固定每只行星齒輪間的位置關係，其自轉速度即代表了行星齒輪的公轉速度，也可以視為行星齒輪作為輸出的橋梁。

▶ 電子油壓系統

　　油壓系統基本功能在於提供扭矩變換器 ATF、導引油壓至多片式離合器、潤滑 A／T 內部零件，以及供油以去除扭矩變換器以及其他運動零件產生的熱。油壓系統構成包括了儲油室（油盆）、油泵、油道（閥體）、控制閥。系統內有 3 道壓力同時作用在換檔閥進行換檔，其分別為主油路壓力、節氣壓力、速控器壓力。

▶ 油泵

　　油泵供應了整個油壓系統所有的動力，其可分為可變位移量式以及固定位移量式，兩者差在位移量可否變化，而位移量在油壓系統內被定義為油泵每一循環所傳遞的油液容積，只要油泵運轉速度相同，每次運轉會有相同的輸出，一般常見的 4 段變速 A／T，其所使用的齒輪式油泵（Gear pump）是屬於固定位移量式。

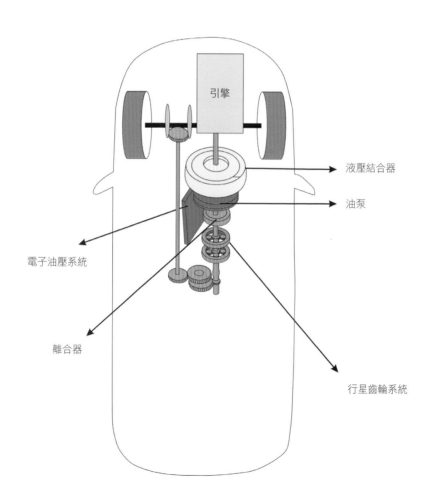

引擎

液壓結合器

油泵

電子油壓系統

離合器

行星齒輪系統

圖 8-13-1　自排構造示意圖

自排變速箱（ＡＴ）的各種檔位（一）

▶ 各檔的運作狀態（1～3檔）

當變速器處於1檔狀態，液壓油推動C1、C5離合器，將離合器片壓制住，當C1離合器被液壓油壓縮時，輸入軸帶動的藍色軸將會與P1行星齒輪相連接且同向旋轉；再將C5離合器片壓住，P1的環形齒輪將會被固定住，P1行星齒輪因此被太陽齒輪單獨驅動，進行同方向繞軸公轉，並帶動紅色輸出軸。

C5離合器鬆開且液壓油壓制C4離合器，即切換到2檔，藍色軸與軸上P2太陽齒輪隨輸入軸運轉，P2環形齒輪因C4離合器被制動，故P2行星齒輪被太陽齒輪單獨驅動。且P2的行星齒輪架與P1環形齒輪為相連物件，因此，P2行星齒輪並不是直接輸出，而是將動力傳到P1的環形齒輪。P1的行星齒輪系統此時呈現環形齒輪與太陽齒輪同方向運轉一同帶動P1行星齒輪。相較1檔，輸出軸多了P1環形齒輪旋轉的效應，因此轉速些微提升。

3檔動力傳輸與2檔接近，由C1、C4離合器作用改為C1、C3作用。3檔的動力傳輸，3組行星齒輪系統皆有參與，P3行星齒輪系統動力由太陽齒輪傳輸至行星齒輪，這個過程是減速作用，但P3太陽齒輪與行星齒輪的尺寸較接近，因此減速效果幅度較小。而P3行星齒輪架與P2環形齒輪為一體，造成P3行星齒輪系統的作動提供了P2環形齒輪一個較慢的轉速，P2環齒輪與太陽齒輪皆轉動，使P2行星齒輪架轉速加快，帶動P2行星齒輪架加速連帶的P1環齒輪轉速跟著變快，最後P1環齒輪與太陽齒輪一同帶動P1行星齒輪與輸出軸。相較2檔的運動原理，3檔便是多了P2環形齒輪轉動帶來的加速效應。

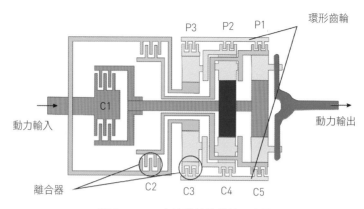

環形齒輪

動力輸入

動力輸出

離合器

C2 C3 C4 C5

圖 8-14-1 自排變速箱構造示意圖

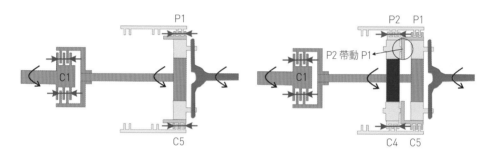

圖 8-14-2 1 檔狀態

圖 8-14-3 2 檔狀態

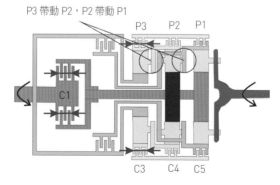

圖 8-14-4 3 檔狀態

自排變速箱（AT）的各種檔位（二）

▶ 各檔的運作狀態（4～6檔）

4檔狀態為引擎與變速箱的直接傳遞，為了使輸出跟輸入等速度運轉，Allison變速系統必須使P1的環形齒輪與太陽齒輪的旋轉速度、方向等同於輸入軸，如圖所示，C1離合器作用即可使P1太陽齒輪速度等於輸入軸，C2離合器片相連著一體式機構且與P1環形齒輪、P2行星齒輪為連動關係，當液壓油壓制C2離合器片時，便將引擎動力由同步旋轉的罩狀結構直接導引至P1環齒輪。因為P1環齒輪與太陽齒輪等速旋轉，整個行星齒輪系統就有如一個整體，並不會有加速或減速作用。

5檔傳動同樣經過3組齒輪系統，油壓壓緊C2、C3離合器，P3齒輪系統運動狀態為太陽齒輪輸入行星齒輪輸出，帶有減速作用，P3行星齒輪系統運動提供了一個較慢的速度予P2環形齒輪；C2作用而C1分開，在P2行星齒輪系統中可以看出行星齒輪帶動太陽齒輪，效應為加速，不過因為P2環形齒輪的轉動使加速效應降低（可以想像環形齒輪轉速愈來愈快，與行星齒輪架等速，整體行星齒輪系統便可視為一體，傳動比為1，從環形齒輪加速的過程中可以觀察到整個行星齒輪系統加速效果降低的趨勢）；P1位置行星齒輪系統環形齒輪與太陽齒輪皆轉動，運動效應雖為減速，卻因為P1環形齒輪的轉動而減速效應降低。相較4檔，5檔P2行星齒輪系統帶有加速效應，因此齒輪箱輸出5檔較快；而相較6檔，則差異在於P3行星齒輪系統造成P2加速效應降低，所以相較之下，又以6檔3組行星齒輪的搭配能提供變速箱更高的速度輸出。

6檔也就是所謂的OD（Over Drive）檔，輸出轉速要高於輸入轉速，扭力降低，應用於汽車高速巡航，6檔時油壓壓住C2、C4離合器。此時雖然P1行星齒輪系統依然

帶有減速效應，C2 離合器的作用將帶動 P1 環形齒輪正向旋轉，如此可以降低 P1
行星齒輪的減速比。C4 離合器制動住 P2 環形齒輪，而且 C1 離合器分離，造成
P2 的行星齒輪系統處於「行星齒輪帶動太陽齒輪」的運動模式，而此運動模式也
是帶來加速效應。

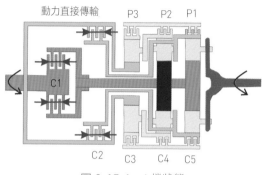

圖 8-15-1　4 檔狀態

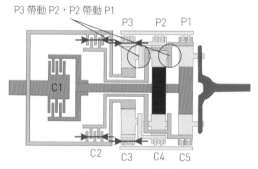

圖 8-15-2　5 檔狀態

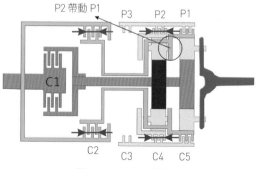

圖 8-15-3　6 檔狀態

CHAPTER 09

- - - - - - - -

電動車

電動車的歷史

▶ 早期的電動車（1839～1935）

1835 年，教授 Sibrandus Stratingh 在荷蘭格羅寧根大學建立了一個小規模的電動車。同一時期，實驗性電動車也在軌道上移動。1895 年，大發明家托馬斯・愛迪生（Thomas Edison）發明了電動車 Edison Baker，這是 1 輛用 1 塊電池驅動的 4 輪敞篷馬車式車輛，最高時速可達 20 英里／小時（約等於 32 公里／小時）。

▶ 能源危機下電動車的興起（1960～1979）

1959 年，美國汽車公司（AMC）和 Sonotone 公司宣布聯合研究，考慮生產一種由「自充電」電池供電的電動汽車。AMC 以經濟型汽車的創新聞名，而 Sonotone 擁有製造燒結板鎳鎘電池的技術，該電池可以快速充電，並且比傳統的鉛酸版本重量更輕。在 1970 年代，大氣保護法的成立使各國要在限期內控制空氣品質，遵守一定的標準。1973 年歐佩克石油禁運使得汽油價格暴漲，也引發的了人們尋找替換燃油汽車方法的熱情。1976 年，美國國會通過了電動和混合動力汽車研發法案，該法案授權支持美國能源部對電動和混合動力汽車的研發。兩家公司成為電動汽車生產的先驅，首屈一指的是「賽百靈 - 先鋒」（Sebring-Vanguard），當時量產了超過 2000 台型號為 CitiCars 的電動汽車。這個小型通勤車的最高時速可達 44 英里／小時，續航里程為 50 到 60 英里。

▶ 近代的電動車（1980～現今）

1980 年代，因蓄電池的容量缺乏，使得可行使的距離比較短程；而且行駛速度與一般汽車相比也緩慢許多，

因此，民眾漸漸偏好於選擇以內燃機為動力的汽車。1990 年代開始，隨著電池儲能單元的發展，以及對礦石能源儲量、油價不斷升高的擔憂，各個主要的汽車生產廠家開始在新能源汽車領域做出嘗試，如 1992 年福特汽車推出鈉硫電池的 Ecostar、1996 年豐田汽車使用鎳氫電池的 RAV4LEV、1996 年法國雷諾汽車的 Clio 等。除了傳統汽車製造企業的嘗試外，2003 年新成立的特斯拉汽車公司完全生產純電動車。2006 年推出的 Roadster 跑車 0 ～ 60 英里只要 3.9 秒，每次充電可行駛 400 公里。

圖 9-1-1　托馬斯 ‧ 愛迪生
（圖片取自 :Louis Bachrach, Bachrach Studios,
restored by Michel Vuijlsteke ╱ en.wikipedia.org）

圖 9-1-2　特斯拉的 Roadster
（圖片取自 : IFCAR ╱ zh.wikipedia.org）

9-2

電動車的動力系統

在整個驅動系統裡面，電池就像燃料汽車的油箱，而電動機就代表了燃料汽車中的發動機。不過，電動汽車不再侷限於傳統車輛的排列方式，因為電機的輸出特性與發動機不同，所以可以省去變速箱甚至車橋，使得動力系統布置更加靈活，並且降低了動力傳遞中的能量損耗。而這些變化，有六種典型的布置，如下圖所示。

(a) 該種替代形式包含：電動機、離合器、變速箱和差速器。其中，離合器是用於傳遞馬達與輪胎的動力，變速箱主要是齒輪組組成，用來給予不同的速比。

(b) 用固定傳動裝置更換變速箱，從而拆下離合器。這樣可以減少車體重量，減少傳動系統所占用的空間。該動力系統機構利用電動機低速階段恆定扭矩和大範圍轉速變化中所具有的恆功率特性，採用固定速比的減速器替換多速比的減速器，同時為滿足車輛加速／爬坡和高速要求，通常需要選擇較大功率的電動機。

(c) 電動機、固定速比的減速器和差速器集成，與車輪相連的軸直接與該組合體相連，驅動系統簡化和小型化。在目前的純電動汽車中是最為常見的一種驅動形式。

(d) 取消機械差速器，驅動車輛是靠 2 個電動機分別通過固定速比減速器驅動各自側的車輪，在車子轉彎時，靠電子差速器控制電動機以不同轉速運轉，從而實現車輛正常轉彎。

(e) 為了進一步縮短從電動機到驅動輪的機械傳動路徑，可以將電動機放置在車輪內，這種安排稱為輪內驅動，這樣可以進一步簡化驅動系統。該驅動系統中，行星齒輪減速器的主要作用是降低電動機的轉速並增大電動機的轉矩。

(f) 捨棄了電動機和驅動輪之間的機械連接裝置，用電動機直接驅動車輪，電動機的轉速控制等價於輪速控制。這樣的驅動系統結構對電動機要具有高轉矩特性，電動機一般選用低速外轉子型電動機。

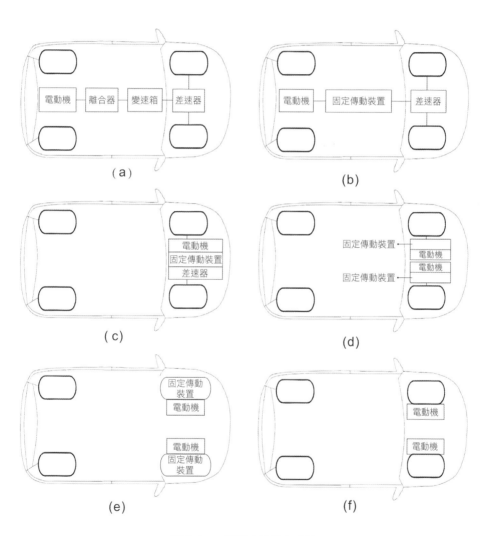

圖 9-2-1　電動車的動力系統

電動車的能源系統

電池組的成本占電動車總成本中相當的比例，電動車電池需要可以在較長的時間內持續有一定功率的輸出，也需要能儲存相當程度電量以應對長途旅程。若電動車電池較輕，車重也會比較輕，可以提升車輛的性能，因此一般會希望電動車電池的重量可以比較輕。電動車能源系統的變化，也有六種典型的布置方式，如下圖所示。

(a) 基本電池供電配置，幾乎全部由現有電動車採用。

(b) 不是使用協調性的電池設計，而是在 EV 中同時使用 2 個不同的電池。因而能夠在能源及動力之間的協調得到最佳化。

(c) 與作為能量存儲裝置的電池不同，燃料電池是能量產生裝置。燃料電池能夠產生比一般電池更高的能量，但無法回收能源。燃料電池（Fuel cell）是一種將存在於燃料與氧化劑中的化學能直接轉化為電能的發電裝置。燃料和空氣分別送進燃料電池，電就被奇妙地生產出來。它從外表上看有正負極和電解質等，像一個蓄電池，但實質上它不能「儲電」，而是一個「發電廠」。但是它需要電極和電解質以及氧化還原反應才能發電。

(d) 在 EV 中安裝微型重整器，以在線生產燃料電池所需的氫氣。將生質酒精輸送到一個叫做燃料重整器（Fuel reformer）的裝置內，重整後生成氫氣。然後再與空氣一同輸入到燃料電池電堆中發電。電能傳給電池儲存，而電池有驅動電機可驅動車輛行駛。

(e) 電容器會儲存能量，因此可作為電池，提供短時間的電力，電容器可以產生高功率，因此在直流轉換器的電路中，會用到電容。

(f) 與電容器類似，飛輪是另一種能量存儲裝置，通過加速轉子（飛輪）至極高速度的方式，用以將能量以旋轉動能的形式儲存於系統中。當釋放能量時，根據能量守恆原理，飛輪的旋轉速度會降低；而向系統中貯存能量時，飛輪的旋轉速度則會升高。它可以提供高比功率和高能量接收性。

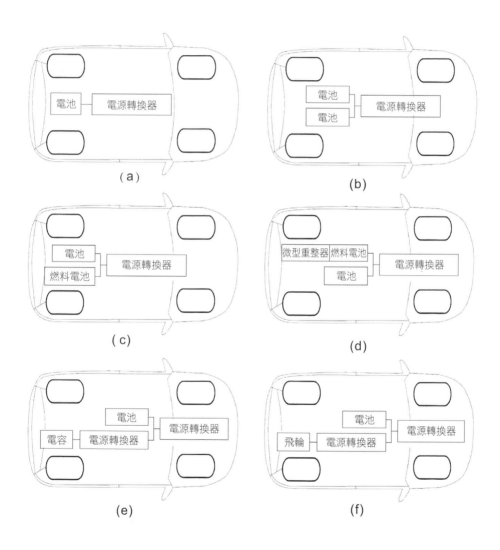

圖 9-3-1　電動車的能源系統

9-4 混合動力車

▶ 混合動力車的介紹

混合動力車輛是使用兩種或以上能量來源驅動的車輛，而驅動系統可以有 1 套或多套。使用燃油驅動內燃機加上電池驅動電動機的混合動力車稱為油電混合動力車，目前市面上的混合動力車多屬此種。油電混合動力車由於使用超過一種動力來源，能夠依照不同的輸出功率選擇不同的推進系統，舉例來說，在低速引擎效率不佳的時候使用電動馬達輔助，比純內燃機車輛有更好的燃油效率及加速表現，被視為較環保的選擇。下文將依傳動配置方式介紹三種油電混合動力車。

▶ 並聯式油電混合系統

內燃機及電動機輸出的動力各自透過機械傳動系統傳遞而推動車輪，內燃機及電動機的動力在機械傳動系統之前各自分開、互不相干，因此稱作並聯型混合動力，兩者同時由電腦控制以達到協調。並聯混合動力系統設計通常是以內燃機為主要動力來源，電動機作為輔助動力系統。

▶ 串聯式油電混合系統

由一具功率僅供滿足行進時平均功率的內燃機作為發電機發電，電力用以為電池充電及供電給電動機，車上唯一推動車輪的是電動機。以電動車的角度來看，這種設計可以增加電池行走里數的不足，因此也稱為增程型電動系統；而其構造上動力輸出的流程完全是一直線，所以又稱串聯式油電混合系統。

▶ 混聯式油電混合系統

同時擁有功率相當的引擎與馬達,所以可依路況選擇使用電動模式、汽油(或柴油)模式或混合模式;設有由內燃機推動的發電機,產生充電或電動機所需電力。兼具並聯式及串聯式的功能及特性,因而得名混聯式混合動力。

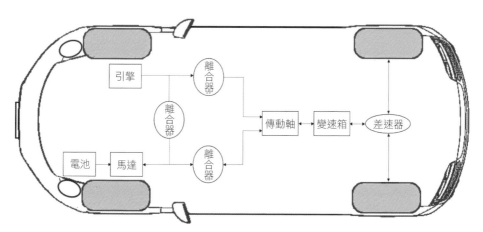

圖 9-4-1　並聯式油電混合系統

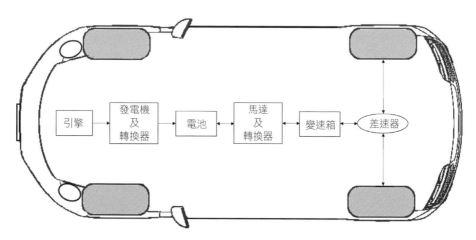

圖 9-4-2　串聯式油電混合系統

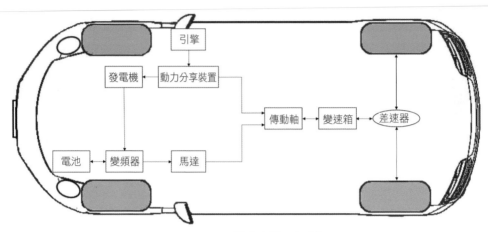

圖 9-4-3　混聯式油電混合系統

電化學電池

▶ 電化學電池簡介

電化學電池通常稱為電池，是在充電過程中將電能轉換為潛在化學能，並在放電過程中將化學能轉換為電能的電化學裝置。電池基本上由 3 個主要元素組成：2 個電極（正電極和負電極）浸入電解液中，在放電時，負極進行氧化半反應並且放出電子，正極進行還原半反應並且接受電子。

▶ 電化學反應

鉛酸電池的作用原理是以硫酸水溶液作為電解，其電極由鉛（Pb，負極）和氧化鉛（PbO_2，正極）製成。放電的過程如圖所示，其中消耗了鉛並形成硫酸鉛。負極上的化學反應可以被寫成：

$$Pb + SO_4^{2-} \rightarrow PbSO_4 + 2e^-$$

該反應釋放 2 個電子，從而在電極上產生過量的負電荷，該負電荷可通過電子透過外部電路流向正極進而消除。在正極，二氧化鉛（PbO_2）的鉛也轉化為硫酸鉛（$PbSO_4$），同時形成水。其反應式可以表示為：

$$PbO_2 + 4H^+ + SO_4^{2-} \rightarrow PbSO_4 + 2H_2O$$

在充電過程中，陽極和陰極上的反應會反轉，鉛酸電池中的整體總反應可以表示為：

$$Pb + PbO_2 + 2H_2SO_4 \xrightleftharpoons[charge]{discharge} 2PbSO_4 + 2H_2O$$

▶ 電化學電池技術

現今的純電動車及油電混合車的電池包含鉛酸蓄電池和含鎳離子的電池，像是鎳鐵、鎳鉻和有鎳金屬的氫化物電池，含鋰離子的電池像是鋰聚合物電池、鋰鐵電池。鉛酸蓄電池的生產成本較低，且具瞬間放電強、使

用溫度範圍廣等優點，使得鉛酸蓄電池仍是主流電池，但其能量密度（儲存電量與重量的比值）、體積、重量和循環壽命等性能表現不佳，且有環保問題，因此長期來看，鉻離子和鋰離子電池將有機會替代鉛酸蓄電池成為純電動車及油電混合車的電池。鋰電池電壓平台高，單體電池的平均電壓為 3.7V 或 3.2V，約等於 3 隻鎳鎘電池的串聯電壓，便於組成電池電源組。相對來說，鋰電池能量密度高，具有高儲存能量密度，目前已達到 460～600Wh／kg，是鉛酸電池的約 6～7 倍，且具備高功率承受力。其中，電動汽車用的磷酸亞鐵鋰鋰離子電池可以達到 15～30C 充放電的能力，便於高強度的啟動加速。

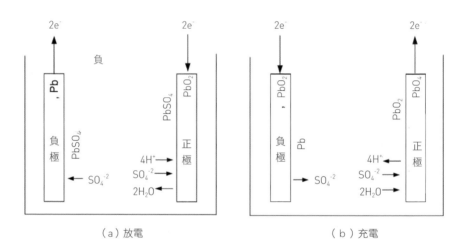

（a）放電　　　　　　　　　　　　　（b）充電

圖 9-5-1　鉛酸電池的化學反應

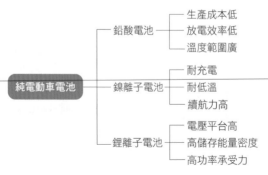

圖 9-5-2　電動車電池技術

9-6 燃料電池(二)特性

燃料電池技術發展已超過百年,但在 2000 年代前並未大規模應用且發展緩慢。近年來,燃料電池各項應用逐步成長,帶動相關產品發展。至 2015 年,隨著運輸型技術發展逐漸成熟,近期燃料電池汽車市場逐漸興起,目前 TOYOTA、HONDA、Nikola、BMW、Hyundai 等各大車廠皆已投入燃料電池車的產業,可見其市場空間會比純電動車更大、更有機會成為能源主流。

1839 年,英國物理學家 William Robert Grove 製作了首個燃料電池。而燃料電池的首次應用就在美國國家航空暨太空總署 1960 年代的太空任務當中,為探測器、人造衛星和太空艙提供電力。從此以後,燃料電池就開始被廣泛使用在工業、住屋、交通等方面,作為基本或後備供電裝置。

燃料電池是一種發電裝置,但不像充電電池一樣用完需繼續充電,燃料電池是繼續添加燃料以維持其電力,所需的燃料是「氫」,所以被歸類為新能源。直接使用氫氣與氧氣進行化學反應,理論上可以將能量轉換效率提高到 80% 以上,顯然燃料電池同時具有「電池」高能量轉換效率與「燃料」快速補充的優點。

氫氣由燃料電池的陽極進入,氧氣則由陰極進入燃料電池。經由催化劑作用,使得陽極的氫原子分解成 2 個氫

圖 9-6-1 William Robert Grove
(圖片取自:Lock & Whitfield /
en.wikipedia.org)

質子與 2 個電子，其中，質子被氧「吸引」到薄膜的另一邊，電子則經由外電路形成電流後，到達陰極。在陰極催化劑之作用下，氫質子、氧及電子形成水分子，因此，水可說是燃料電池唯一的排放物。「氫」燃料可以來自於任何碳氫化合物，例如天然氣、甲醇、乙醇、水的電解、沼氣等。由於燃料電池是經由利用氫及氧的化學反應產生電流及水，不但完全無汙染，也避免了傳統電池充電耗時的問題，如能普及應用在高汙染之發電工具上，將能顯著改善空氣汙染及溫室效應。

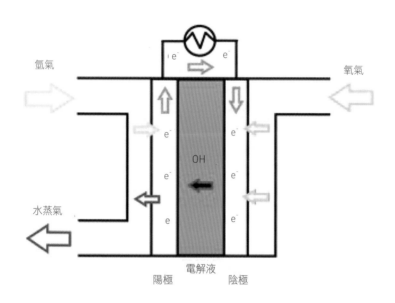

圖 9-6-2　燃料電池運作原理

9-7 燃料電池（二）應用

▶ 固定式發電：

供應醫院、療養院、旅館、辦公大樓、學校、機場及發電廠等電力。在大型的建築系統中，使用氫燃料發電設備與傳統的電力供應相比，可節省 20～40%的運轉費用。若技術不斷提升又能兼顧製造成本，燃料電池輸電系統可能在未來取代現行的高壓電力網絡之供電模式。

▶ 交通運輸：

汽車大廠均在燃料電池車輛（Fuel Cell Vehicle）的試產階段。Honda 與 Toyota 均已在美國及日本開始經營出租 FCV 的業務。由於燃料載運技術的瓶頸及氫氣供應基礎建設之不足，汽車業者及專家們大多認為，2015 年以後 FCV 汽車漸漸開始商業化，其它運輸工具的應用也是預想得到的，例如巴士、列車、飛機、摩托車、高爾夫球車、堆高機等，現已有電氣化的車輛均可發展。

▶ 垃圾掩埋場及廢水處理廠：

垃圾掩埋及廢水處理中常會產生主要成分為甲烷的沼氣，將沼氣經過轉化器即可萃取出氫氣。目前美國各地的許多掩埋場及廢水廠皆已採用燃料電廠方案，一方面減少廢氣的排放量，另一方面又將其回收利用來產生電力，供應廠區自身所需的電力。

▶ 優點：

（1）**充電時間短**：燃料電池直接補充燃料即可，非常方便。

（2）**反應噪音低**：目前的火力發電、水力發電、核能

發電等技術都必須使用汽輪機推動發電機，運轉時噪音很大，燃料電池是單純的化學反應，所以幾乎沒有噪音的問題。

（3）環境汙染低：燃料電池使用氫氣與氧氣反應產生水，反應後排放的氮化物或硫化物極少，幾乎沒有任何汙染。

（4）燃料種類多：包括氫氣、酒精、甲醇、沼氣、天然氣等。

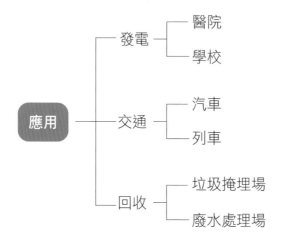

圖 9-7-1　燃料電池的應用

9-8 燃料電池（三）氫動力汽車

氫動力汽車是使用氫燃料作為動力的車輛。這類車輛把氫的化學能轉換為機械能，透過燃燒內燃機中的氫或透過在燃料電池中的氧與氫反應來運行電動機。使用氫為能源的最大好處是它能跟空氣中的氧產生水蒸氣排出，有效減少了其他燃油汽車造成的空氣汙染問題。廣泛使用氫助長交通是提議中氫經濟的一個關鍵因素。

要讓氫氣普及運用於車輛上，人類還有好長的一段路要走，但至少現行的科技已經確定能達成氫能源利用模式。而全球可謂最重視氫能源及氫燃料電池車的日本，截至 2018 年至少設置了 92 座加氫站，並陸續規劃出以綠能電解水獲得氫氣的製造廠，且車廠也在努力試著要降低氫燃料電池車的造價成本，讓最終售價能更平易近人。目前所發展的混合動力車雖然能有效節省燃料消耗，減低空氣汙染，但其價格仍較一般汽油車昂貴，並且仍有廢氣排放的問題；燃料電池車是未來汽車的發展目標，除了安全性和續航距離必須克服外，燃料電池所產生的水分，可能會有在零度以下結冰而無法排出等問題，因此，燃料電池車需要更進一步加強在各項測試的穩定性。

作為未來能源的選項之一，氫燃料電池近年愈來愈受到關注，尤其是在長途重型卡車上。畢竟相對於電池，氫燃料電池系統要輕上許多，而且氫燃料加注比充電快多了，誕生於上世紀 60 年代的燃料電池技術其實並不新奇，但其成本實在太高，而且耐久性不足，好在過去 10 年裡這項技術有了巨大的進步，材料與燃料箱的價格都在穩定下降。同時，與目前的工業製氫法不同，新的製氫法用到太陽能和風能，因此也綠化很多。

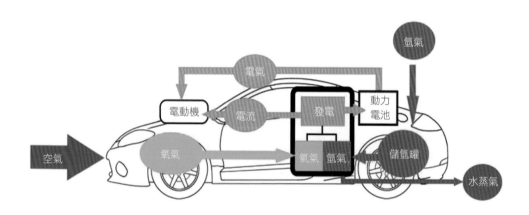

圖 9-8-1　氫動力汽車之運作原理

CHAPTER 10

直流馬達

直流馬達的介紹

▶ 直流馬達的歷史

　　最早發明將電能轉換為機械能的電動機就是直流馬達，它可追溯到法拉第（Michael Faraday）發明的碟型馬達。其設計經過不斷的改良，到大約 1880 年代時成為主要的電能機械能轉換裝置，但由於交流電的使用逐漸普及，發明了感應馬達與同步馬達，直流馬達的重要性隨之降低。在約 1960 年，由於材質的改良、變速控制需求增加，加上工業自動化的發展，直流馬達再次得到了發展的契機。到了 1980 年，直流馬達驅動系統成為自動化工業與精密加工的關鍵技術。直流馬達具有簡單易控制的優點，是目前最常應用於變速控制的馬達。但此類馬達不宜在高溫、易燃等環境下操作，而且由於馬達需要以電刷作為電流變換器的部件（有刷馬達），所以需要定期清理磨擦所產生的汙物。一般工業用直流馬達之電壓有 DC110V 和 220V 兩種。

▶ 無刷直流馬達的歷史

　　傳統的直流馬達由於電刷磨擦產生的汙物，經常引起不必要的障礙與故障，因此需要一種新的方式取代電刷與整流子。1962 年，藉由霍爾感測器的發明，實用的無刷直流馬達終於得以問世，霍爾感測器能夠測量磁場，當有磁場通過時便產生電流。而無刷直流馬達便是以霍爾感測器與電子元件控制電流激磁的方向，取代有刷直流馬達以物理接觸方式控制激磁方向的電刷與整流子。

圖 10-1-1　法拉第（Michael Faraday）
（圖片取自 : Thomas Phillips ／ zh.wikipedia.org）

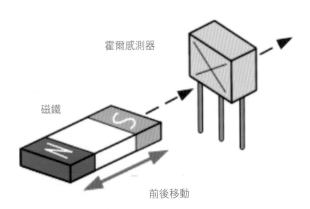

圖 10-1-2　霍爾感測器

直流馬達的分類與比較

▶ 直流馬達的分類

直流馬達可由建立磁場的方式分為兩種,一種是以永久磁鐵來產生磁場,為永磁無刷直流馬達;另一種是以線圈激磁的方式產生磁場,為有刷直流馬達。根據激磁的方式不同,又可分為他激式與自激式。自激式直流馬達有三種接線方式,分別是並激式、串激式和複激式。

▶ 有刷與無刷直流馬達的比較

(1)有刷直流馬達的啟動響應速度快、扭矩大、變速平穩,速度從零到最大幾乎沒有振動,啟動時可帶動更大的負荷。無刷直流馬達的啟動扭矩較小,啟動時會有嗡嗡聲,並伴隨強烈震動。

(2)有刷直流馬達的控制精度高,幾乎可以停在任何想要的地方。無刷直流馬達由於啟動和制動時不平穩,所以每次都會停到不同的位置上,必須透過定位銷或限位器等額外的元件才可以停在想要的位置上。

(3)無刷直流馬達較安全可靠,有刷直流馬達的保養成本較高,因為有刷直流馬達的電刷長期使用會磨耗並且產生碳粉,如果碳粉累積過多,在高溫環境運轉下,碳粉可能會產生爆炸,因此必須定期清理。

(4)無刷直流馬達少了電刷,壽命長,磨損主要是在軸承上,幾乎不用維護,只需做一些除塵維護即可,但是價格較高且損壞時只能更換。有刷直流馬達的成本低廉、維修方便,但是也較容易損壞。

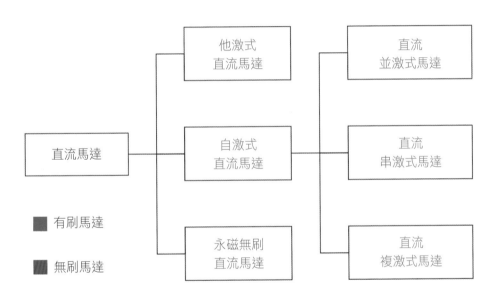

圖 10-2-1 直流馬達的分類

10-3 有刷直流馬達的構造與原理

▶ 有刷直流馬達的構造

　　直流馬達的基本構成由電樞、磁鐵、整流子與電刷所組成。電樞為以軟鐵芯纏繞多圈的線圈，可以繞著軸心轉動，也稱為轉子。磁鐵為產生磁場的永久強力磁鐵或電磁鐵，相對於轉子，磁鐵為相對靜止側，也因此被稱作定子。整流子為 2 片半圓形的集電環，一端與線圈相接，另一端與電刷接觸，當轉子轉動時，集電環也會一同轉動。電刷通常使用碳製作而成，連接至電源。

▶ 有刷直流馬達的原理

　　如圖所示為一個簡單的直流電動機。當線圈通電後，轉子的左側受力向上被推離左側的磁鐵，並被吸引到右側，從而產生轉動。力的方向可由弗萊明左手定則來判斷，以食指代表磁場方向，中指指向電流方向，大拇指的方向即力的方向。轉子依靠慣性繼續轉動，當轉子運行至垂直位置時，整流子與電刷的接觸交換，線圈的電流方向逆轉，線圈所產生的磁場亦同時逆轉，使這一過程得以重複。

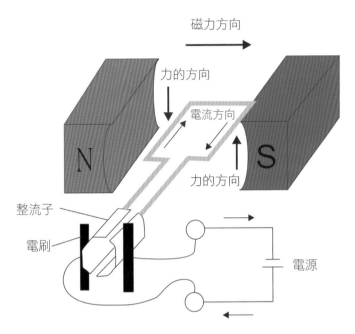

圖 10-3-1 有刷直流馬達的構造

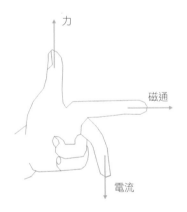

圖 10-3-2 弗萊明左手定則

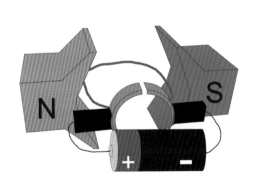

圖 10-3-3 有刷直流馬達的立體圖

▶ 傳動系統的介紹

傳動系統是從發動機到車輪之間所有動力傳遞裝置的總稱，功用是將馬達的動力傳給車輪，使車體前進。傳動系統主要由離合器、變速器、萬向傳動裝置和驅動橋組成。其中萬向傳動裝置由萬向節和傳動軸組成，驅動橋由主減速器和差速器組成。而各個部件的功能如下：

（1）控制器：依照踏板踩踏的深度，產生相對應轉速百分比的 PWM 訊號。

（2）離合器：把引擎動力以開關的方式傳遞至車軸上的裝置。

（3）變速器：汽車上安裝的變速箱通常有多個不同的轉速／扭矩轉換比，通常稱為「檔位」，以適應不同的行駛狀況下對轉速扭矩組合的不同要求。

（4）萬向傳動裝置：在轉彎時，車軸與傳動軸的夾角產生變化，用以保證兩軸之間的動力傳動。

（5）減速器：用來降低轉速和增大扭矩。

（6）差速器：汽車轉彎時，外側輪子比內側輪子走的路徑大，差速器能使內外側車輪以不同的速率旋轉，彌補距離的差異。

▶ PWM 訊號的介紹

脈衝寬度調變（Pulse-width modulation，PWM）是對電路控制的一種技術，其輸出只能為 ON 與 OFF，所以電流會以通電和斷電的方式輸出。PWM 訊號可以分成頻率及占空比。頻率指週期發生的速率，也就是每秒發生幾次，占空比是一個週期內（一次高電位與低電位的持續時間）高電位占的比例。

PWM 訊號的產生如圖，D1 與 D2 是二極體，電流

只能從單一方向通過，箭頭方向為電流無法通過的方向。Q1 與 Q2 是電晶體，負責控制二極體，二極體通電時會讓電流通過，反之則電流無法通過。Q1 開啟 Q2 關閉時，電流從電池流向馬達，為高電位；Q1 關閉 Q2 開啟時，電流無法從電池流向馬達，為低電位。Q1 與 Q2 開關的時間，從踏板的踩踏角度換算，再由驅動電路控制。

當占空比為 20％時，馬達會以最高速度的 20％運轉，占空比為 50％時則為 50％的速度運轉。而在能量守恆的角度下看，通以占空比 50％的 PWM 訊號等同於通以其高電位電壓的一半，因此 PWM 訊號控制也可以視為變壓控制。

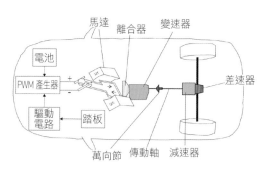

圖 10-4-1　有刷直流馬達電動車的傳動系統

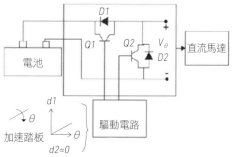

圖 10-4-2　PWM 訊號產生的電路

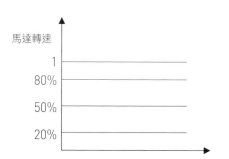

圖 10-4-3　不同占空比下的馬達轉速

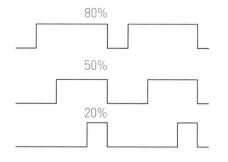

圖 10-4-4　不同占空比的 PWM 訊號

無刷直流馬達的構造與原理

▶ 無刷直流馬達的構造

　　無刷直流馬達與有刷直流馬達相比，以電子元件取代電刷與整流子來進行激磁方向的控制，將定子的永久磁鐵改成電磁鐵，內部轉子的電磁繞組改成永久磁鐵。無刷直流馬達還有一個最重要的元件「霍爾感測器」，霍爾感測器是無刷直流馬達換向的依據，負責感應磁場的變化以送出馬達控制訊號，使無刷直流馬達持續而穩定的運轉。

▶ 無刷直流馬達的原理

　　如圖所示為一個三相的無刷直流馬達，在運轉時，霍爾感測器檢測馬達永久磁鐵的位置，再根據永久磁鐵的位置給電磁鐵通以對應的電流，使電磁鐵產生方向均勻變化的旋轉磁場，而磁場的方向可以透過安培右手定則得知，4 指彎曲方向為旋轉電流的方向，大拇指方向為 N 極方向，永久磁鐵受到電磁鐵的推動而轉動起來。無刷直流馬達的作動原理與交流同步馬達類似，但通過的電流是雙向的直流電，不是交流電。

　　以上圖為例，在第 1 個時刻，右下角定子的 S 極會將中間永久磁鐵下方的 S 極往左邊推，左下角定子的 N 極會將中間永久磁鐵下方的 S 極往左邊吸，在第 2 個時刻，左下角定子的 S 極會將中間永久磁鐵左邊的 S 極往上推，上方定子的 N 極會將中間永久磁鐵左邊的 S 極往左邊吸，在第 3 個時刻，上面定子的 S 極會將中間永久磁鐵右邊的 S 極往下推，右下角定子的 N 極會將中間永久磁鐵右邊的 S 極往下吸。

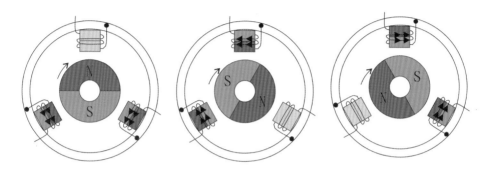

圖 10-5-1　永磁無刷直流馬達運作原理

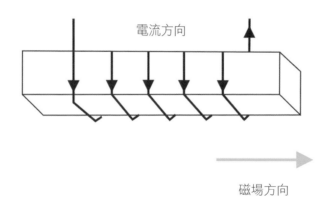

圖 10-5-2　安培右手定則

無刷直流馬達的實作 （一）

▶ 三相逆變器

如圖所示，無刷直流馬達使用的三相逆變器，D 代表二極體，電流只能從單一方向通過，箭頭方向為電流無法通過的方向。Q 代表電晶體，負責控制二極體，二極體通電時會讓電流通過，反之則電流無法通過。ABC 代表電磁鐵上的電線纏繞。當霍爾感測器感測到永久磁鐵旋轉 60 度時會改變一次通電的策略，因此旋轉一圈 360 度會有 6 個步驟：

（1）只有 Q1 與 Q4 開啟時，電流會從電池經過 A 流向 B 再回到電池。

（2）只有 Q1 與 Q6 開啟時，電流會從電池經過 A 流向 C 再回到電池。

（3）只有 Q3 與 Q6 開啟時，電流會從電池經過 B 流向 C 再回到電池。

（4）只有 Q2 與 Q3 開啟時，電流會從電池經過 B 流向 A 再回到電池。

（5）只有 Q2 與 Q5 開啟時，電流會從電池經過 C 流向 A 再回到電池。

（6）只有 Q4 與 Q5 開啟時，電流會從電池經過 C 流向 B 再回到電池。

▶ 無刷直流馬達定子的轉速控制

按照上述的二極體開關方式，3 個定子的電壓與時間關係如下圖，其中每一個間隔為馬達旋轉 60 度，如果想提高馬達的轉速，增加踩踏板的深度，則驅動電路會將每一個變換二極體開關的時間減少，反之，降低馬達的轉速則讓時間增加。舉例來說，如果每 1 秒改變一次二極體開關，則馬達每 6 秒轉一圈，如果每 0.5 秒改變一次

開關，馬達每 3 秒轉一圈。因為改變二極體開關的頻率可以改變馬達的轉速，因此，無刷直流馬達的控制也被稱為變頻控制。

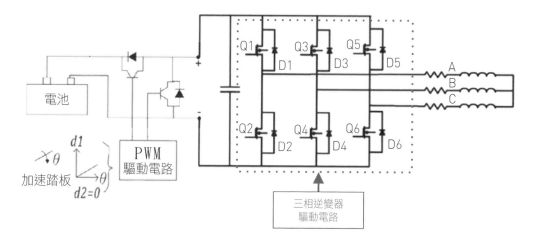

圖 10-6-1　馬達驅動電路

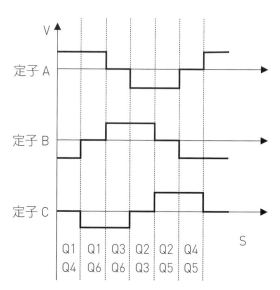

圖 10-6-2　三相逆變器影響定子的電壓方向的時序圖

▶ 無刷直流馬達的傳動系統

與有刷直流馬達的傳動系統相比，基本的機械式傳動系統一樣，唯一不同之處在於無刷直流馬達因為需要對電流的通過方向進行控制，因此在電池與馬達之間必須使用逆變器，將直流電轉換成雙向的直流電，在此也可以視作方波形式的交流電。而無刷直流馬達系統的驅動電路除了要負責控制二極體的開關之外，還會產生 PWM 訊號以控制進入逆變器的電壓。

▶ 無刷直流馬達實際控制

在相同電壓的情況下，無刷直流馬達在低轉速運轉時，增加轉速不會影響到馬達轉矩的大小，當轉速在高過一定的值之後，踏板角度增加，增加轉速會讓馬達的轉矩下降。如圖 10-7-2 所示，在車輛動力學當中，車子的速度愈快則空氣阻力、滾動阻力愈大，阻力愈大則代表車子對於馬達的轉矩需求提高，以紅色線大致表示車子的負載曲線（紅色線實際為凹向上的曲線，此圖僅為示意）。

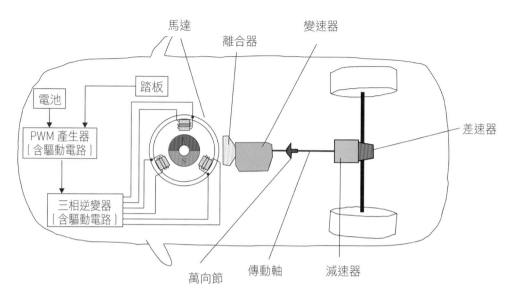

圖 10-7-1　無刷直流馬達電動車的傳動系統

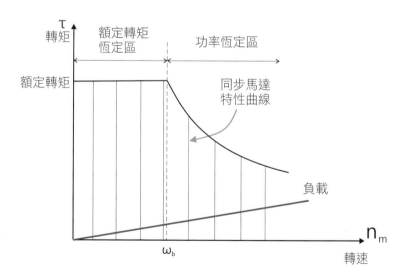

圖 10-7-2　無刷直流馬達轉速與轉矩的關係

CHAPTER 11

交流馬達

交流馬達的介紹

▶ 交流馬達的分類與差異

交流馬達是利用交流電來產生磁場的馬達，交流馬達可以控制電流與磁場的方向，因此不用設計電刷。根據磁場與轉子的轉動，主要分為同步馬達和感應（非同步）馬達兩類。

同步馬達和感應馬達的區別在於轉子與定子旋轉磁場是否一致，轉子與定子旋轉磁場相同，叫同步馬達，反之則叫感應馬達。另外，同步馬達與感應馬達的定子繞組是相同的，區別在於轉子結構。感應馬達的轉子靠電磁感應產生電流；而同步馬達的轉子結構相對複雜，有直流激磁繞組，需要外加激磁電源，因此，同步馬達的結構相對複雜，造價、維修費用也相對較高。

▶ 同步馬達如何運作

當轉子激磁繞組通以直流電後，轉子建立恆定磁場（有些同步馬達採用永磁式轉子也是相同原理），在三相定子繞組施加三相交流電壓，此時電動機內部會產生一個旋轉磁場，轉子將在定子旋轉磁場的帶動下，沿磁場的方向以相同的轉速旋轉。

▶ 感應馬達如何運作

其運作的原理即是運用我們在高中物理都學過的電磁感應原理，由定子線圈經由電磁感應的方式使轉子產生電流，讓電動機產生力矩。

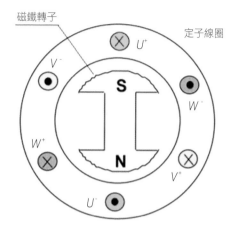

磁鐵轉子

定子線圈

圖 11-1-1　同步馬達示意圖

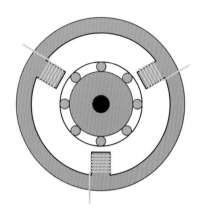

圖 11-1-2　鼠籠式交流感應馬達示意圖

圖 11-1-3　交流馬達的種類

同步馬達的構造與原理

▶ 同步馬達的構造

同步馬達的轉子有電磁鐵與永久磁鐵兩種，使用永久磁鐵的稱為永磁同步馬達，若有電路提供轉子電流的，則稱為激磁式同步馬達。同步馬達的定子繞線有三相式或多極式，下圖介紹為三相式定子，定子繞線的方向與磁鐵旋轉方向垂直。

▶ 同步馬達的原理

定子的電樞繞組接三相交流電源，形成一旋轉磁場，轉子的磁場繞組接直流電源，產生的磁場會與旋轉磁場互相牽引，使轉子一定以同步轉速順旋轉磁場轉向旋轉，其定子運行是三相的交流電，而轉子則是永磁體或電磁鐵。

首先同步馬達要建立主磁場，繞組通以直流電流，建立極性相間的磁場；然後採用三相對稱的電樞繞組充當功率繞組，成為感應電勢或感應電流的載體；在原動機拖動轉子旋轉的情況下，極性相間的磁場隨軸一起旋轉並順次切割定子各相繞組，因此，電樞繞組中將會感應出大小和方向按週期性變化的三相對稱交變電勢，通過引出線，即可提供交流電源。由於電樞繞組的對稱性，保證了感應電勢的三相對稱性。

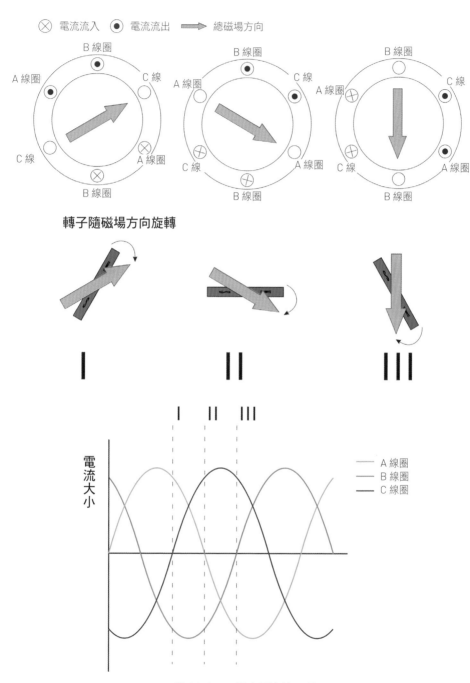

圖 11-2-1　同步馬達的原理

同步馬達的應用

工商業與家電產品使用的馬達，主要是感應馬達而不是同步馬達，然而，同步馬達因具有：轉速固定，不受負載改變而變動；改變激磁電流可以控制功率因數等特點，所以它有下列的用途：

▶ 驅動需要定速運轉的機械負載

同步馬達適於驅動須定速運轉的機械負載，如紙漿滾壓機、研磨機、粉碎機、鼓風機、空氣壓縮機、電梯運轉及作為直流發電馬達的原動機等。至於較小的機械負載，如錄放音機、時鐘及定時開關等，可以選用小型同步馬達（如磁滯馬達、磁阻馬達及定時馬達等）。

▶ 改善線路功率因數

同步調相機是一種特殊運行狀態下不帶機械負載的同步馬達，當應用於電力系統時，能根據系統的需要，自動地在電網電壓下降時增加無功輸出。在電網電壓上升時吸收無功功率，以維持電壓，提高電力系統的穩定性，改善系統供電質量。同步馬達運行於馬達狀態，不帶機械負載也不帶原動機，只向電力系統提供或吸收無功功率的同步馬達。同步調相機又稱同步補償機，用於改善電網功率因數，維持電網電壓水平。

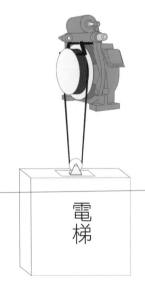

電梯

圖 11-3-1　電梯同步馬達

▶ 同步馬達用於電動車的優缺點

　　永磁同步馬達轉子的磁場是由永磁體產生的，避免通過勵磁電流來產生磁場而導致的勵磁損耗；轉子運行無電流，顯著降低馬達溫升。永磁同步馬達滿負載時功率因數接近 1，電流小，銅耗也小，因為功率因數高所以效率也高，特別是在輕載時的效率。永磁同步馬達還具有高啟動轉矩、啟動時間較短、高過載能力、控制簡單、動態響應性能好等優點。永磁同步馬達不足的地方就是成本相對較高，抗震性能比較差。

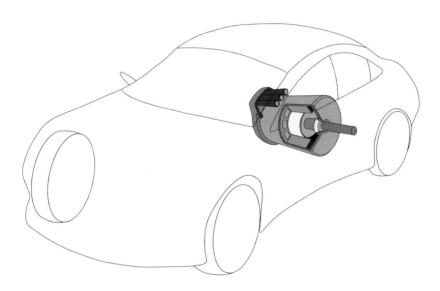

圖 11-3-2　電動車上的同步馬達

感應馬達的轉動原理 （一）

▶ 阿拉哥圓盤實驗裝置

一組阿拉哥圓盤實驗裝置，包括可轉動鋁盤及馬蹄形磁鐵。將馬蹄形磁鐵的 N 極與 S 極跨於圓盤上下方但不與圓盤接觸，當磁鐵沿著圓盤邊緣轉動時，圓盤會沿著磁鐵相同方向轉動。當圓盤轉動時，磁鐵也會沿著圓盤相同方向轉動。

▶ 阿拉哥圓盤原理

當磁鐵移動時，磁力線切割圓盤，此時，因磁通量改變產生感應電流，如圖所示，如果磁鐵逆時針旋轉時，電流方向為由內向外。當由磁束與感應電流的作用產生力量時，可以由弗萊明右手定則判斷力量的方向，如圖所示，力的方向為逆時針。

▶ 其他的阿拉哥圓盤

根據阿拉哥圓盤轉動的原理，我們可以知道，其實磁鐵是馬蹄形磁鐵或長條型磁鐵，N 極與 S 極在圓盤兩側或同一側，只要通過導體的磁場轉動，導體也會跟著轉動，都能使圓盤轉動。

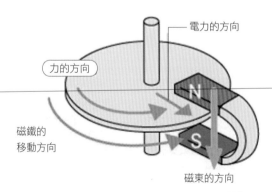

圖 11-4-1　阿拉哥圓盤

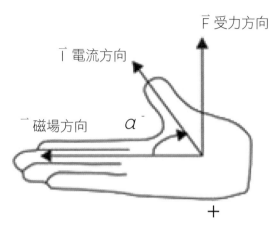

圖 11-4-2　弗萊明右手定則

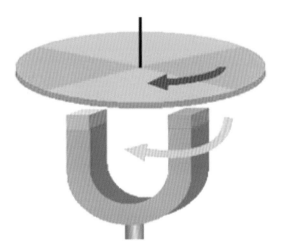

圖 11-4-3　其他的阿拉哥圓盤

感應馬達的轉動原理 （二）

▶ 三相交流電

為了讓馬達轉動，我們需要在馬達的定子通入交流電，產生與交流電頻率相同的旋轉磁場。一般我們會稱輸入的電源為三相交流電，3 個交流電之間會差 120 度的相位差。

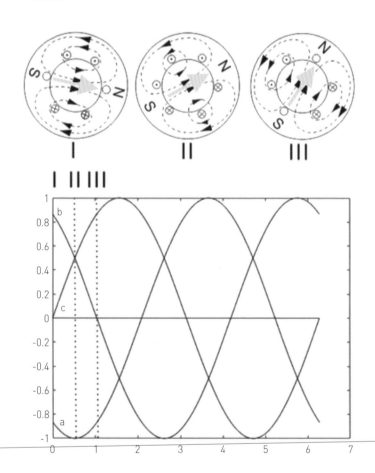

圖 11-5-1　三相交流電與旋轉磁場

▶ 鼠籠式感應馬達

　　轉子以銅條或鋁條為導體，該
導條形狀與鼠籠相似。馬達在定子
繞組加三相交流電後，會形成旋轉
磁場，其轉子上的導條會因為切割
定子磁場的磁力線而感應出電流，
而通電的導體在磁場中就會受到安
培力，從而驅動轉子運動。

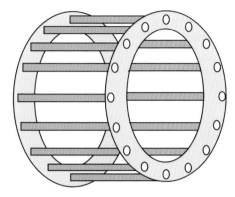

圖 11-5-2　鼠籠式感應馬達之轉子示意圖

▶ 轉子線圈感應電流

　　首先，根據冷次定律，轉子繞組的感應電流會在轉子產生磁場來反抗定子
磁場的變化，如圖所示，當定子磁場逆時針轉動時，垂直於轉子線圈的磁通量
會減少，因此，轉子會產生感應電流以生成磁場來補足因磁場旋轉而減少的磁
通量。相反地，當旋轉磁場造成磁通量增加時，轉子會產生感應電流生成對抗
的磁場來抵銷增加的磁通量。而轉子上的感應電流方向以及大小會因為磁場與
鼠籠的位置而產生改變。馬達定子通入交流電後，產生和交流頻率相同的旋轉
磁場，根據法拉第定律，由於磁場的波動，將會有電動勢在線圈導體中產生，
而電動勢將會產生流過導體的電流。

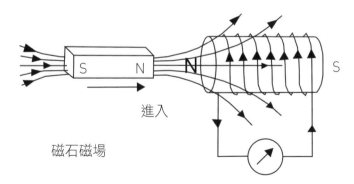

進入

磁石磁場

圖 11-5-3　冷次定則

▶ 轉子線圈作用力方向

當有電流與磁場通過導體時，根據弗萊明左手定則，中指代表感應電流方向，食指則代表磁通的方向，因此可以得出轉子線圈作用力的方向，並且可以發現轉子線圈所轉動的方向與磁場轉動的方向是相同的。

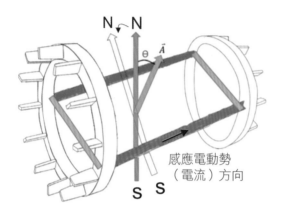

圖 11-5-4　旋轉磁場產生的電流方向

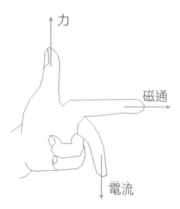

圖 11-5-5　弗萊明左手定則

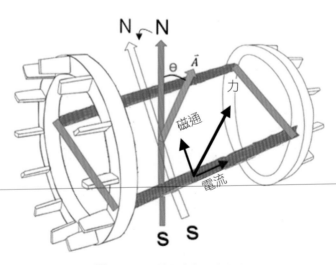

圖 11-5-6　線圈的作用力方向

11-6 感應馬達的應用

▶ 感應馬達與我們的日常

在我們的日常生活中，你可曾計算過你身邊的用具有多少是由馬達所帶動的？由此可見，我們的生活是與馬達緊緊相連的，而其中的感應馬達是所有交直流馬達中用途最廣的，舉凡冰箱、冷氣機、電扇、洗衣機等家電，還有砂輪機、空氣壓縮機、鑽床、車床等工廠機器，多數是採用感應電動機。

▶ 感應馬達的優勢

（1）使用的交流電容易取得。
（2）快速的扭矩響應。
（3）合理的成本。
（4）使用簡便，運轉容易。
（5）速度變動不大，符合一般負載需求。

▶ 感應馬達的運用及維護

（1）改善感應馬達功率的主要方法就是並聯電容，而根據電工法規定，電容器之容量以改善功率因數至 0.95 為原則。

（2）如何控制三相感應馬達的轉向：交換 3 條電源線的其中 2 條即可。

（3）感應馬達故障的常見原因：使用不當、保養不良、長期使用導致絕緣材料劣化、承軸磨損、有異物等。

（4）在只有單相電源時，只要加一個電容器，也可以使三相感應馬達運轉，但其輸出最多僅能達到額定值的 70 ～ 80%。

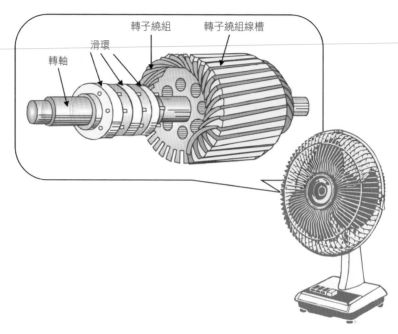

圖 11-6-1　風扇的單相交流感應馬達

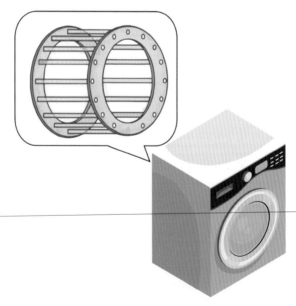

圖 11-6-2　變頻洗衣機的感應馬達

▶ 交流馬達的三相逆變器

交流馬達與無刷直流馬達相同，都是使用三相逆變器對輸入馬達的電流進行控制，不同的地方在於無刷直流馬達的 3 組定子一次只會有 2 個通電，而交流馬達的 3 組定子會同時通電，因此對於逆變器的開關控制方式會有不同，無刷直流馬達每次會有 2 個電晶體通電，而交流馬達每次會有 3 個電晶體通電，而交流馬達旋轉 1 圈時一樣會有 6 個步驟。

（**1**）Q1、Q4 與 Q5 通電，一個電流從 A 流向 B，另一個從 C 流向 B。

（**2**）Q1、Q4 與 Q6 通電，一個電流從 A 流向 B，另一個從 A 流向 C。

（**3**）Q1、Q3 與 Q6 通電，一個電流從 A 流向 C，另一個從 B 流向 C。

（**4**）Q2、Q3 與 Q6 通電，一個電流從 B 流向 A，另一個從 B 流向 C。

（**5**）Q2、Q3 與 Q5 通電，一個電流從 B 流向 A，另一個從 C 流向 A。

（**6**）Q2、Q4 與 Q5 通電，一個電流從 C 流向 A，另一個從 C 流向 B。

按照上述的二極體開關方式，3 個定子的電壓與時間關係如下圖，以定子 A 為例，第 1 個時間電流從 A 流向 B，第 2 個時間一個電流從 A 流向 B，另一個電流從 A 流向 C，是第 1 個時間電壓的兩倍，第 3 個時間電流從 A 流向 C，與第 1 個時間的電壓相同，第 4 個時間電流從 B 流向 A，電壓為負，大小與第 1 個時間相同，第 5 個時間有一個電流從 B 流向 A，另一個電流從 C 流向 A，是第 4 個時間電壓的兩倍，第 6 個時間電流從 C 流向 A，與第 4 個時間電

交流馬達的實作（一） 11-7

壓相同。按照這個方法會得到類似正弦波的方波電壓,可以對輸出的電壓進行濾波,變成正弦波的電壓。

▶ 交流馬達的轉速控制

與無刷直流馬達相同,每 6 個步驟馬達旋轉 1 圈,只要由三相逆變器驅動電路控制切換二極體開關的速度,就可以改變馬達的轉速。三相逆變器的驅動電路與 PWM 產生器的驅動電路是分開的。

▶ 交流馬達的電壓控制

交流馬達輸入電壓大小的控制方法與直流馬達相同,都是使用 PWM 訊號進行電壓的調整,調整的幅度為從電池的電壓以 PWM 訊號的比例降低,因此最後送入逆變器的電壓可以調整成 0 到原始馬達電壓間任意固定值。

▶ 踏板

當踏板加深時,三相逆變器驅動電路使二極體開關切換速度變快,馬達的轉速增加,但是此時馬達的力矩會降低,而為了增加轉速會調整 PWM 訊號使輸入的電壓增加,其關係我們會在下一節詳細說明。

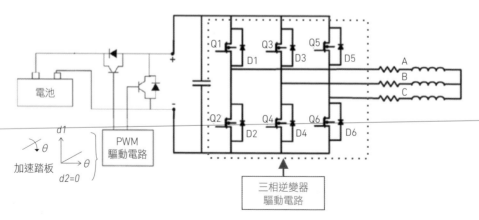

圖 11-7-1　PWM 產生器與三相逆變器

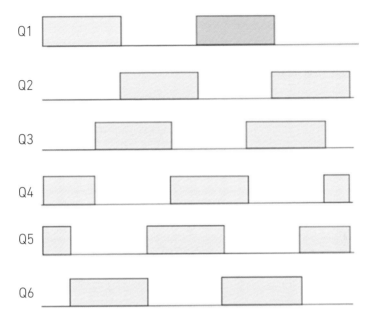

圖 11-7-2 交流馬達的三相逆變器操作順序

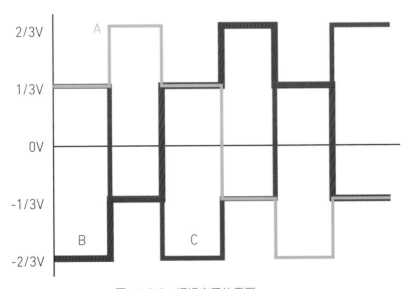

圖 11-7-3 通過定子的電壓

交流馬達的實作（二）

▶ 同步馬達實際控制

同步馬達因為原理與無刷直流馬達相同，都是由外側定子產生磁場，內側轉子的磁鐵受到外側磁場影響轉動，因此同步馬達與無刷直流馬達的轉速與轉矩關係類似，都是在相同電壓的情況下，當駕駛員輕踩踏板時，同步馬達在低轉速運轉時，增加轉速不會影響到馬達可提供額定轉矩的大小，但當駕駛員想要加速而深踩踏板時，轉速在高過一定的值之後，逆變器會增加電壓頻率使得性能曲線不斷往右邊移動而且馬達可提供的轉矩下降。

▶ 感應馬達實際控制

在低速運行區域中，電流在經過以下時間後幾乎立即上升，因為反電動勢很小。變頻器驅動的電機以低頻啟動，逐漸增加。轉子的轉差速度始終很小，轉子在最佳轉矩條件下連續運行。通過調整電壓和頻率維持一個比例，低速時可獲得額定轉矩。該區域稱為「恆轉矩」區域。當高於額定轉速時電壓保持恆定，逆變器產生的電壓頻率增加使馬達性能曲線不斷往右邊移動，而且馬達可提供的轉矩下降，因此這個區域稱為「恆定功率」區域，恆功率區可達額定轉速的約兩倍。當超出恆功率區是高速區，電流限制與脫出轉矩限制重合，與頻率的平方成反比，因此無法進一步保持恆定功率。由於扭矩大致與電流的平方成正比，而當前轉矩與頻率的平方的乘積為常數。

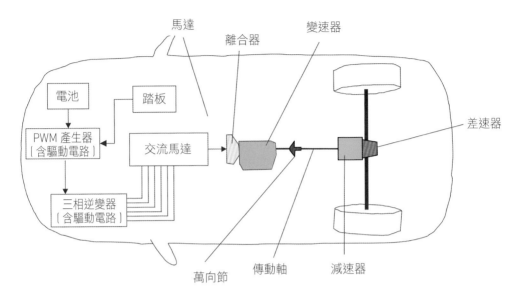

圖 11-8-1 交流馬達電動車的傳動系統

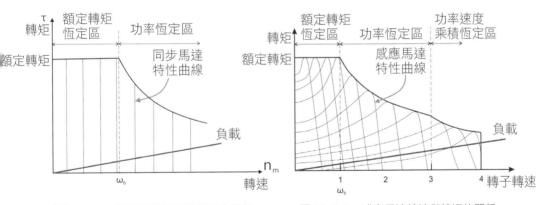

圖 11-8-2 同步馬達轉速與轉矩的關係   圖 11-8-3 感應馬達轉速與轉矩的關係

知的！ 184

圖解汽車構造與原理：

汽車零件、組裝、作動原理全解析，認識汽車組成與維修指南

作者	曾逸敦
編輯	吳雨書
校對	吳雨書
美術編輯	ivy_design
創辦人	陳銘民
發行所	晨星出版有限公司
	407台中市西屯區工業30路1號1樓
	TEL：（04）23595820
	FAX：（04）23550581
	http://star.morningstar.com.tw
	行政院新聞局局版台業字第2500號
法律顧問	陳思成律師
初版	西元2022年1月15日　初版1刷
讀者服務專線	TEL：（02）23672044 /（04）23595819#230
讀者傳真專線	FAX：（02）23635741 /（04）23595493
讀者專用信箱	service @morningstar.com.tw
網路書店	http://www.morningstar.com.tw
郵政劃撥	15060393（知己圖書股份有限公司）
印刷	上好印刷股份有限公司

定價新台幣450元

（缺頁或破損的書，請寄回更換）

ＩＳＢＮ：978-626-320-029-6
Published by Morning Star Publishing Inc.
Printed in Taiwan

國家圖書館出版品預行編目資料

圖解汽車構造與原理：汽車零件、組裝、作動原
理全解析,認識汽車組成與維修指南 / 曾逸敦著.
-- 初版. -- 臺中市 :晨星出版有限公司,
2022.01
　　面；　公分. -- (知的! ; 184)
ISBN 978-626-320-029-6(平裝)

1.汽車工程 2.汽車

447.1　　　　　　　　　　　110018580

掃描QR code填回函，成爲晨星網路書店會員，
即送「晨星網路書店Ecoupon優惠券」一張，同
時享有購書優惠。